写给孩子的
植物
发现之旅

小牛顿科学教育有限公司 / 编著

刘冰 / 审订

海豚出版社
DOLPHIN BOOKS
中国国际传播集团

图书在版编目（CIP）数据

香料 / 小牛顿科学教育有限公司编著. –– 北京：
海豚出版社, 2023.5（2024.8重印）
（写给孩子的植物发现之旅）
ISBN 978-7-5110-6359-5

Ⅰ.①香… Ⅱ.①小… Ⅲ.①香料 – 青少年读物
Ⅳ.①TQ65–49

中国国家版本馆CIP数据核字(2023)第054490号

香料　小牛顿科学教育有限公司 编著

出　版　人：王　磊

责任编辑：许海杰　张国良　白　云
美术编辑：吴光前　李　利
责任印制：于浩杰　蔡　丽
法律顾问：中咨律师事务所　殷斌律师

出　　　版：海豚出版社
地　　　址：北京市西城区百万庄大街24号　邮　　编：100037
电　　　话：010-68996147（总编室）　010-68325006（销售）
传　　　真：010-68996147
印　　　刷：涿州市荣升新创印刷有限公司
经　　　销：全国新华书店及各大网络书店
开　　　本：16开（787mm×1092mm）
印　　　张：6.25
字　　　数：50千
版　　　次：2023年5月第1版　2024年8月第2次印刷
标准书号：ISBN　978-7-5110-6359-5
定　　　价：45.00元

给读者的话

在中世纪的欧洲，香料（胡椒、肉桂、豆蔻等）是昂贵奢侈的贸易商品。数百年间，香料贸易一直被阿拉伯人及地中海贸易商控制着，对于出产各式香料及珍宝的遥远而陌生的东方，欧洲人既渴望又怀有无穷的想象。

1492年，意大利航海家哥伦布自西班牙出发，首度航行到美洲，"发现"了新大陆，所谓的"地理大发现"时期就此展开。地理大发现不仅开拓了新航线，使东西方贸易大量增加，也改写了人类历史。

从拥有丰富航海传统的海滨国家西班牙和葡萄牙，到后来的荷兰、法国、英国，欧洲的船队驶过了大西洋、印度洋、太平洋，对他们"发现"的美洲、非洲、亚洲各地进行疯狂的掠夺。除了预期中的香料之外，一些原本平凡的植物如烟草、棉花、茶、橡胶树等，都在欧洲人的大规模操纵下，变得珍贵无比，所牵涉的地区也出现了翻天覆地的变化，命运全然改变。

《写给孩子的植物发现之旅》系列通过一则则生动有趣的故事，带领孩子们认识香料、黄金植物（棉花、橡胶、烟草等）、饮料（可可、咖啡、茶、酒等）及园艺植物，看看这些与人类生活密切相关的植物，当初是如何被"发现"并站上世界舞台，扮演着关键且重要角色的。

目录
CONTENTS

第一章

源远流长的香料史

香气四溢的菜肴

想象你在一家高级的西式餐厅里，伴随着莫扎特创作的悠扬的乐声，服务生端上开胃菜香煎中卷（个头比较小的鱿鱼）佐莎莎酱，主菜是烤芝麻鲑鱼，汤是青蒜土豆浓汤。而后，在你用餐将近结束之际，服务生又客气地问你："请问可以上今天的主厨特制点心和冰激凌了吗？"

你一边喝着手上的蔓越莓汁，一边等着上菜。

这时候只见服务生端上了肉桂苹果派和香草冰激凌蛋糕。香味四溢的肉桂苹果派被制成玫瑰花的样子，香草冰激凌蛋糕上还用巧克力写着"Happy Birthday"。

原来这是爸爸妈妈特地为你准备的生日大餐。

这顿西式大餐不仅好吃，还让人意犹未尽，尤其有些特殊的香气残留在嘴巴里，真的是"口齿留香"。你知道这些奇特的香味是怎么来的吗？

事实上，这些菜肴中都添加了大量的香料，例如：香煎中卷佐莎莎酱中有辣椒、蒜头、洋葱、姜末；烤芝麻鲑鱼中有芝麻、黑胡椒；青蒜土豆浓汤中有蒜苗、洋葱、小豆蔻。甜点中一样含有香料，像是肉桂苹果派中有肉桂、肉豆蔻；香草冰激凌里有香草、丁子香。

这些香料虽然不是主菜，但却是不可或缺的。因为唯有它们的存在，才能让菜肴产生出这么特殊的口味，让人回味无穷。下面，就让我们来认识一下这些你不能忽视的"香料"吧！

辣椒

大蒜

肉桂

洋葱

香草

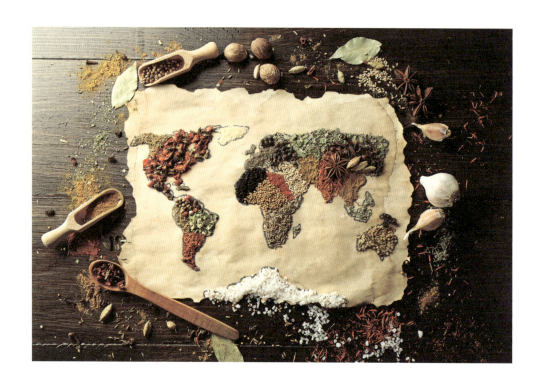

古老的香料之路

　　正式介绍香料前，得先了解什么是香料。香料，又可称辛香料或香辛料，泛指那些会产生特殊香气的天然物质。一般来说，香料可以分为植物性香料和动物性香料。我们用于烹饪的香料，绝大多数是植物性香料，如肉桂、胡椒、肉豆蔻、小豆蔻、丁子香、茴香、姜黄等。动物性香料则大多是用来制造香水，如麝香、龙涎香、灵猫香、海狸香等（第五章有专门介绍）。植物性香料是由植物的种子、果实、根、叶、皮等晒干或提炼制成，动物性香料则多来自产香动物的香囊。

　　根据考古研究，人类使用香料的历史最早可以追溯到公元前 5000 年，在许多中亚地区的考古遗迹中，都能发现香料和其他高价值物品如黑曜岩、贝壳、宝石等一起交易。可见在当时，香料不仅已经被使用，而且还被当作极具价值的商品来买卖。

　　人类进入文字时代之后，现在发现的关于香料的最早记载出现在一块苏美尔文化

丁子香

的陶板上。这块陶板大约烧制于公元前 3000 年。陶板上明确记载着，当时苏美尔人已在使用丁子香这种香料。

丁子香是由丁香蒲桃（并不是我们在公园、庭院中常见的紫丁香、白丁香）花蕾除去花梗晒干而成的香料。丁子香的味道非常复合，带有"酸、甜、咸"等，硬要比拟的话，有点像山楂饼的味道，酸酸甜甜、温和爽口。

值得注意的是，丁子香在 18 世纪前几乎只产于东南亚的马鲁古群岛，由此可见，当时西亚地区已经和远在欧亚大陆另一端且位于海上的岛国有了贸易的接触。

后来这条贸易路线从西亚延伸到了古埃及。根据考古学家研究，这段由西亚经过红海，连接到北非埃及的贸易路线，大约在公元前 2500 年开始形成，大约在公元前 1500 年已经完全开通。这条线的开通以及古埃及帝国的兴起，使"香料"迎来了第一个辉煌的时代，而这条连接西亚和古埃及的路线也被称为"香料之路（Incense Route）"。

香料之路

古埃及时代的香料之路，指的是横跨红海两岸的香料贸易路线。香料之路大约在公元前 2500 年开始形成，于公元前 1500 年左右完全开通，两岸的贸易以阿拉伯半岛的盖特班（Qataban）王国和非洲的阿克苏姆王国为代表。香料由阿克苏姆王国再辗转运到其北方的埃及。

　　繁荣而富庶的古埃及帝国使用香料的奢靡程度，绝对不是位于中亚和西方的古文明诸国所能比拟的。由于古埃及人的生活以宗教为中心，他们除了将香料用于烹饪外，也从香料中提炼出香精，用于祭祀或礼拜法老的仪式中。

　　在饮食方面，古埃及文献中有关香料的记载最早出现在公元前 2500 年左右（即古王国时期）。当时负责督造埃及最大的金字塔——胡夫金字塔的主事者，会让参与劳作的人们嚼食香料，以增进他们的体力和耐力。到了古埃及的中王国时期（约前 2060~前 1785），也就是古埃及最强大和最繁荣的时期，香料已经普遍参与到古埃及人的饮食当中了。

　　这时出现在古埃及食谱中的香料有胡椒、桂皮、茴香、乳香、姜黄、辣椒、孜然等，常被加到面包或肉类当中。这些香料原产于印度尼西亚、印度和阿拉伯地区（孜然是阿拉伯人的传统香料），都是靠着"香料之路"贸易而来。

　　最能展现古埃及人奢华的莫过于在宗教上使用香料了。古埃及人为了强化宗教对

乳香

乳香是一种由乳香树树脂制成的香料，大多用于制造香水或香精。古埃及和古罗马的祭司都大量使用乳香，让神殿呈现一种香气弥漫的神秘氛围。乳香的采集方法是先在乳香树皮上割开一个口子，使其流出乳状汁液，这些汁液接触空气之后会变硬，成为黄色或微红的半透明凝块，即为最原始的乳香。

民众的控制，不断兴建豪华而造型多变的万神殿，还在万神殿里的祭坛上燃烧各式香膏，以展现众神不断散发出来的芬芳。这些香膏就是由各式香料提炼、混合而成的。

古埃及人还在这一时期，发明了一种传说中的神秘香水——可菲香（Kyphi）。1922 年参与挖掘古埃及新王国时期法老图坦卡蒙的陵墓的考古学家表示，当他们挖开图坦卡蒙的主陵时，一股强烈的香气迎面而来，而这香气就来自屡屡出现在古埃及文献中的"可菲香"或"可菲神香"。

古埃及的香水最早用于祭祀神明，后来变成一种身份地位的象征。从香料提炼出来的香水被广泛用于贵族日常生活中，以及木乃伊的制作上。据分析，这种可菲香含有没药、菖蒲、肉豆蔻、决明子、乳香、肉桂、薄荷等香料，经与蜂蜜、葡萄酒混合制造而成。

薄荷

古老欧洲为香料疯狂

相对于古埃及和两河流域的古文明早在公元前两三千年就有使用香料的记录，欧洲地区接触到香料的时间就晚得多。大约始于公元前 8 世纪的古希腊文明对欧洲有巨大的影响，以雅典为中心的贸易路线也随之发展起来。而这时候贸易的商品就包括了由阿拉伯人及腓尼基人带到欧洲的香料。

从古希腊生理学家希波克拉底和哲学家亚里士多德留下来的文献中可以看到，公元前 400 年左右，雅典人曾把胡椒当作药品使用，有些香料也用于烹饪中。

从当时的商业交易记录中可以看到，各式香料的价格贵得离谱。其实这也是可以预期的，因为"聪明又有点狡猾"的阿拉伯商人会编织各种不着边际的传说，例如取得香料必须经过九死一生，逃过各种怪物的追击，以此来吓退那些有意去寻找香料产地的欧洲商人。因此许多香料的原产地如产胡椒的印度、产丁子香的印度尼西亚等，在很长时间内都默默无闻于世。

随着马其顿国王亚历山大大帝统一古希腊各地区以及部分西亚地区，并于公元前 332 年攻占埃及后，欧洲的香料贸易变得更频繁。虽然这一时期香料的货源仍掌握在阿拉伯人手中，不过欧洲的雅典以及北非的亚历山大仅靠着香料贸易的税收就一跃成为世界级大城。

紧接在亚历山大帝国之后兴起的罗马帝国（前 27~ 公元 395），更是将香料菜肴推广到社会的各个阶层。罗马帝国的前身是罗马共和国。当时欧洲人的主食是肉类，尤其是上流社会，其主菜几乎都以肉类为主。不过当时的肉类保存技术极差，长期存

亚历山大帝国

亚历山大帝国（前 336~ 前 323）是古希腊亚历山大大帝在位时建立的一个横跨亚欧非三洲的大帝国，又称马其顿王国（前 808~ 前 168）。虽然其在公元前 323 年亚历山大大帝死后就开始分裂，不过在其征战以及统一个各地区之后，整个地中海沿岸都深受希腊文化影响，这些影响不仅呈现在生活中的食衣住行各方面，还包括希腊的政治、艺术、经济模式等方面。

黑胡椒

放的肉类常让人无法下咽。后来，直到一位接受过希腊厨艺训练的厨师在肉中撒入一些黑黑亮亮的颗粒之后，这些肉才变得美味可口，而且拥有以前从来不曾有过的香味。这些黑黑亮亮的颗粒就是素有"黑色黄金"之称的胡椒。

以罗马共和国为首的欧洲，在这一时期为了这种香料简直陷入了疯狂。罗马长老院还会把胡椒当作工资发放给罗马士兵，让普通民众都得以一尝这种神奇的滋味。

胡椒的价格在罗马共和国时期相对便宜，一般人都有机会吃到。不过，在罗马帝国建立之后，香料贸易逐渐集中到少数人手上。到了2~3世纪，香料相继由东方的波斯帝国和安息帝国垄断，价格飙涨到1千克黄金只能换到90千克胡椒。最惊人的是，到了罗马帝国末期（5世纪初），1千克的黄金几乎只能换到1千克的香料。这也就难怪，410年围困罗马城的哥特人，会要求"3万磅白银、5千磅黄金、3千磅胡椒"才肯退兵了。

古代中国痴迷于香料

相对于古代欧洲都得靠着贸易才能取得香料，中国自古以来就是许多香料的原产地，产有姜、花椒、肉桂、甘草、茴香等。此外，一些香草植物如葱、芥菜、梅子也在我国的春秋战国时期被普遍使用。这些香料和香草植物构成了我国特殊的酱、卤、烧、炖、煎、蒸、汆烫等多种烹调手法。在古代中国的众多香料中，最常用的莫过于花椒和姜了。

中式香料明星——花椒

花椒，又称秦椒、川椒、山椒等，是芸香科花椒属植物的果实。《神农本草经》中记载其"始产于秦"，大约是在现今甘肃（秦地）一带，所以叫秦椒。

花椒按大小分为"大椒"和"小椒"。大椒又称"大红袍""狮子头"，果粒硕大，颜色艳红或紫红。小椒又称"小黄金"，色红、果实小，味道以麻为主，香味不及大椒。不过，不管是哪种椒，都有它独特的烹煮方法。

《诗经·周颂载芟》中有"有椒其馨，胡考之宁"之句，是说花椒味道芬芳，可以使人长寿健康。屈原的《九歌·湘夫人》中也提到"播芳椒兮成堂"，说明了当时的人除了会食用花椒，还会把花椒当作芳香剂使用。这是因为花椒的种子和枝叶中含有挥发性成分，味道强烈而芳香，辛麻而持久。《神农本草经》还将花椒列入药用，说它"能令毒虫不加，猛兽不犯，恶气不行，众妖并辟"。由此可见，在当时花椒已经深入到一般人的日常生活中了。

花椒因为香、麻，又具有舒筋活血、杀虫解毒、促进食欲等功用，常被用于宫廷膳食中。再加上花椒树结实累累，又成为子孙满堂的象征，所以嫔妃居住的后宫常以花椒和泥涂墙，称为"椒房"，希望皇子们能像花椒树一样繁盛。

花椒

花椒是花椒属植物的果实，形状为球形，晒干后呈黑色，具有独特的浓烈香气。

中国传统川菜在烹饪中大量使用花椒，而自 20 世纪 80 年代以来随着川菜的流行，花椒的种植面积和产量也大幅度提升。花椒经过育种也出现很多不一样的品种，加入菜肴中会呈现出不同风味。

中式香料的第二要角——姜

中国人餐桌上最常见到的姜，是姜科姜属植物的根茎。而食用姜的历史也非常早，早在公元前 500 年，孔子就在《论语》中提出"十三不食"的观念。所谓的"十三不食"指的是不吃坏掉的食物，或是不在还没到吃饭的时间吃饭，或是不吃错误的烹调方法煮的饭菜，等等。不过，其中有一个很特殊的"不食"是"不撤姜食，不多食"，意思是说，如果食物中没有撒一些姜，我们的孔老夫子就不吃，但同时还告诫我们也不能多吃。

从现代医学角度来看，孔子的观点也非常正确。因为姜辛辣，具有杀菌的作用，在那个食物保存不佳的年代里，显得特别重要。此外，由于姜中含有姜辣素，这是一种植物生化素，也就是植物用来对抗大自然中的有害物质如紫外线、土壤或水源中的有毒物质等而制造出来的酵素。姜辣素对人

姜

原产于东南亚热带地区，一般食用其地下茎部位。姜味辣，依据生长时间长短及采收时间不同，可以分为老姜和嫩姜。老姜辛辣，嫩姜幼嫩多汁，两者适用的菜肴各不相同。

体也一样有用，它可以促进血液循环、抗氧化，还可以抑制发炎，也就是中医所说的姜有"舒筋活血"的作用。不过，由于姜的辛辣性质，吃多了会出现口干舌燥、眼睛红、不正常出汗等症状，所以也不宜多吃。

除了花椒和姜，其他的香料也在汉朝时，沿着使臣张骞多次探访西域后开通的东西方贸易大道"丝路"，从西方陆陆续续传到我国。

在汉朝到南北朝（420~589）之间，市场上就可以看到胡椒、孜然、丁子香等香料，还有胡芹等香草植物。成书于北魏（386~534）时期的综合性农学著作《齐民要术》中提到的"五味脯""胡炮肉""鳢鱼汤"等食物，就是用本土香料搭配国外香料烹调而成的美食。

其中"五味脯"就是在猪腹肋排肉上撒上"五香粉"卤制而成。五香粉是一种由五种香料混合而成的调味料，普遍用于中式菜肴中。最早的五香由花椒、肉桂、八角、丁子香、茴香混制而成。在我国南方会用橘皮（陈皮）代替丁子香。另外，有些配方中还会加入少量白胡椒、肉豆蔻、甘草等，进而演变出"十三香"等调味料。

茴香

陈皮

这种香料用晒干的橘子皮制成。陈皮放置的年份越久越香，故称为陈皮。

丁子香

八角

又称八角茴香、大料或大茴香，是八角属植物的果实。八角常用于中餐和东南亚菜肴中，用法多为在肉类中少量加入用来红烧或卤制。另外，八角也是中国五香粉的成分之一。

肉桂

香料档案

丁子香 Clove

◎学名：*Syzygium aromaticum*

◎科：桃金娘科

◎属：蒲桃属

　　丁香蒲桃是一种常绿乔木，适合生长于靠海及高山地带，树高 10~20 米，树龄可达百年以上。叶子呈椭圆形、革质，花是红色的，聚伞花序或圆锥花序，也就是花的排列呈伞状或圆锥状。丁香蒲桃中被用来烹煮或药用的部分是它的花蕾（公丁香）和果实（母丁香），统称丁香或丁子香。丁子香最早产于印度尼西亚，现在已经被广泛引种于许多热带地区，包括印度尼西亚的马鲁古群岛、东非坦桑尼亚的桑给巴尔岛和马达加斯加岛都是现今丁子香的主要产地。其中东非的桑给巴尔岛常年位列世界丁子香产量首位。

桑给巴尔岛以出产丁子香闻名世界，素有"世界最香之地"和"香岛"之称，是非洲著名的旅游胜地。

现今在市面上看到的作为香料的丁子香大都是晒干的花蕾，呈深咖啡色，由于形状像个"丁"字，所以叫"丁子香"。这种晒干的花蕾俗称"公丁香"，另外还有晒干的果实，俗称"母丁香"。丁子香的味道尝起来酸酸甜甜的，适合加入汤中。印度尼西亚人每当熬煮鸡汤时，便会加入丁子香，使汤头更香甜、美味。

丁子香在现代还是许多药品、高级化妆品的原料，还会被当作香味添加剂加入香烟中。由于丁子香富含丁香油，这种油中含有的丁香酚、乙酰丁香酚等成分，具有止吐、止痛、止咳嗽、暖肾的作用。另外，丁子香还可以消除口臭，在汉代丁子香被称为"鸡舌香"，每当大臣向皇帝起奏时，必须先含过鸡舌香消除口臭。

孜然 Cumin

◎学名：*Cuminum cyminum*

◎科：伞形科

◎属：孜然芹属

　　孜然是孜然芹的种子，有些地区也称小茴香、阿拉伯茴香、安息茴香。孜然芹是一年或二年生小型草本植物，植株可以长到20~40厘米高。孜然芹的茎干是灰色或深

孚然的气味芳香浓烈，非常适合用于烤肉，烤羊排撒上孚然后味道更佳。

绿色的，叶子呈羽状，上面带有螺纹，花是白色或粉红色，伞形花序（也就是花的排列呈伞状）。孚然一般都是手工采摘，大约在每年的5~7月。孚然属伞形科，具有特殊香气，是用作调味料或调配咖喱的主要材料之一。伞形科中还有许多其他香料植物，如香芹、芫荽、莳萝等。孚然原产于埃及、埃塞俄比亚，后来在阿拉伯地区以及我国的新疆、甘肃、内蒙古等地都得到了大量栽培。

在古埃及文明中，孚然被用作香料和木乃伊的防腐剂，其使用可以一直追溯到公元前2000年。最早在北非和西亚一带栽培食用，后来传到印度、波斯、俄罗斯、印度尼西亚及中国等地。在公元前7世纪时，波斯入侵印度并把孚然与这个名字一起带到印度、巴基斯坦一带，古代西域的孜然则是从波斯通过丝绸之路向东传入的。

孜然的独特香味来自一种罕见的化学物质——枯茗醛，它既带有类似薄荷的清凉味道，又带有适口的麻苦味，被新疆人普遍认为"孜然的香味带魔力"。孜然的风味非常独特，又有解除肉类油腻的功用，非常适合与烤肉混合食用。

除了食用外，孜然还可以入药。在中医中，孜然具有帮助消化、缓解心血管疾病、降肝火等功效，阿拉伯人还将其当作治疗胃痛的胃散使用。

孜然芹

茴香 Fennel

◎学名：*Foeniculum vulgare*

◎科：伞形科

◎属：茴香属

茴香是一种多年生的草本植物，也被称为小茴香、甜茴香。原产自地中海和东南亚地区，不过目前已在世界范围内广泛种植。茎是空心的，较高的可以生长到2.0米。叶子呈现极细长状，花则是由20~50个微小黄色花朵的伞形花序构成。

茴香被用作香料的部分是其种子，闻起来有甘草气味，还混有柑橘香，很适合用于糕点、饼干和面包等烘焙食品中。茴香茎叶往往是沙拉和意大利面食的组成部分，还常作为鱼和肉类的调味料。也可以制成香草茶帮助消化，在南欧、印度和中东地区都很受欢迎。

除了种子，茴香的茎和叶片也都能入菜。茎可拿来搭配生菜沙拉，叶片剁碎适合加入鱼类菜肴，也很适合搭配蛋类或蔬菜食用。在印度，茴香叶可单独用于叶菜菜肴，或混合其他蔬菜食用。

由于同为伞形花科的香草物种，茴香常与其他茴香家族成员混淆。另外莳萝（Dill）、葛缕子（Caraway）、孜然（Cumin）这些草本植物不仅与茴香有相似的外表，连气味也很相近。

此外，意大利另有一种佛罗伦萨茴香（Florence fennel），底部外形与洋葱相似，又称为球茎茴香。生吃爽脆香甜，炖煮则清甜顺口，叶片也能当作生菜色拉食用，是餐桌的调味好伙伴。因此多被当作"蔬菜"，而不是"香料"。

第二章

寻找香料的原产地

游走于世界的商人——阿拉伯人

476 年西罗马帝国灭亡之后，地中海地区的香料贸易曾经一度中断。所幸，后来有个自古经商的民族复兴了香料贸易，才让欧洲人能再次品尝到来自东方的各式香料，那就是世界的商人——阿拉伯人。

阿拉伯人将中国人的四大发明——造纸术、火药、印刷术、指南针传进西方的故事，相信大家都耳熟能详。造纸术大约是在 8 世纪，阿拉伯人从中国的战俘手上习得，进而传入欧洲；火药、印刷术、指南针大约十三四世纪传入欧洲。在此之前，阿拉伯人也做生意吗？他们又是做什么生意的呢？

翻开地图，可以看见阿拉伯半岛就位于富饶的中亚两河流域和欧洲之间。两河流域是古文明的发源地，自古以来灌溉技术领先世界，当地盛产的小麦、大麦、稻米、橄榄、椰枣都是阿拉伯人贸易的商品。在中国的汉朝开通丝路之后，阿拉伯人贸易的商品就更多了，来自中国的丝绸、瓷器，兴都库什山脉（主体位于中亚的阿富汗）的白银，伊朗的铜等，都成为他们购销的对象。

中世纪之前，阿拉伯人靠着不同季节的信风往返于印度大陆和阿拉伯地区之间，将大批来自东方的香料和其他商品带到欧洲。

此外，还有个秘密武器让阿拉伯人不止能进行陆路贸易，还能进行海上贸易，那就是信风。

信风是地球自转时风从亚热带高压吹向赤道低压带时产生偏转，让原本只是南北向的气流，产生东北西南向（北半球）或东南西北向（南半球）的东西向流动。加上太阳直射地球的位置随四季而有所不同，也让信风的方向有所偏移，产生新的风向。自古以来人们就懂得利用信风进行海上贸易，所以信风又被称为"贸易风"。

古埃及人是最早利用信风航海的。信风带着他们从埃及所在的红海出发，到达阿拉伯海另一端的印度。不过埃及人并没将这项技术发扬光大，反而是阿拉伯人将它使用得风生水起。阿拉伯人利用这条航线，快速且大量地获取来自印度和印度尼西亚的香料。最晚不晚于公元前 7 世纪，阿拉伯商队的大型船只会在每年的 7 月，也就是信风风力最强的时节，从阿拉伯海西部的亚丁湾各港口出发，开往印度马拉巴尔海岸的古老港都穆吉里斯（位于今印度的喀拉拉邦）。到了 11 月，这些阿拉伯的商人再借由吹拂的东北信风，载着满满的香料和其他货品返回阿拉伯半岛、埃及和欧洲。虽然有少数欧洲商人"耳闻"过这条通往远东的航线，却都没实际航行过。世界的商人——阿拉伯人就这样从公元前好几世纪开始，长期垄断了这条神秘路径，也掌握了各式香料的专卖权，特别是只在印度尼西亚生产的肉豆蔻和丁子香。

阿拉伯人靠着香料贸易越来越强大，最终于 632 年建立了阿拉伯帝国。

阿拉伯帝国从 7 世纪开始不断扩张，到了 8 世纪时领土已经横跨整个阿拉伯半岛、中亚，以及北非，声势如日中天。当时的阿拉伯商人多以黑色装扮为主，常到遥远的东方，包括中国做生意，中国的史书称他们为"黑衣大食"，"大食"即为阿拉伯的古名。到了8世纪，更强大的阿拉伯商队穿着以白色为主，此时被改称为"白衣大食"，其实两者指的都是阿拉伯人。

虽然有些人会认为，阿拉伯人之所以能独占香料贸易，是因为他们用了许多小手段欺骗其他竞争者，例如宣称香料原产地有许多怪物（《辛巴达历险记》就是在这样背景下写出的），并且隐瞒"香料岛"的所在地。不过，阿拉伯的航海技术事实上在很长的一段时期内都是领先全世界的，只有先进且发达的航海技术，才能支撑他们进行距离这么长的海上航行。

蒔萝

外形类似茴香，高度一般为60~120厘米，黄色小花呈伞状分布，叶为针状分针。

阿拉伯帝国

632年阿拉伯帝国建立后不断扩张，到8世纪，领土涵盖了整个阿拉伯半岛以及北非的沿海地区，一直延伸到欧洲的伊比利亚半岛，成为横跨亚非欧三洲的大帝国。

阿拉伯人还发明了"三角帆船"，又称"阿拉伯帆船"。三角帆和传统的方形帆不同，传统的方形帆只能在顺风或是侧一点的顺风中航行，但是三角帆船却能利用到与航行方向接近90°的侧风，再加上能灵活改变帆面的方向，也让船的航速更快，航行的季节大大延长。

后来，阿拉伯人还进一步改良了三角帆船，发明了"纵帆"，

阿拉伯人发明了可以在侧风中航行的三角帆船（左），后来经过改良，进一步发展出在逆风中也能航行的纵帆船（中）。最后，这些船被组装在大型远洋船（右）上，促成了后来的"大航海时代"。

使船只甚至在逆风中也能航行。阿拉伯人这些新式船型以及丰富的航海纪录也促成了后来欧洲的"大航海时代"。

传说中的香料岛

　　说了这么多阿拉伯人从"远东"地区获取香料，再到西方大赚一笔的故事，那么，到底这些神秘的"远东"香料产地在哪里呢？

　　阿拉伯人从东方取得香料的来源主要有：一是印度，二是印度尼西亚，而在印度尼西亚又以盛产肉豆蔻和丁子香的马鲁古群岛最有名。由于欧洲人直至 16 世纪才知道马鲁古群岛的确切位置，此岛还以盛产香料闻名，所以它又被叫作"神秘岛"或"香料岛"。

　　马鲁古群岛是一组位于今印度尼西亚中东侧的岛屿。这些岛屿多是气候温和湿润的山地，再加上岛屿中存在活火山，在火山灰丰饶的养分和雨水的滋润下，才得以长出独一无二的香料植物。其中的肉豆蔻和丁香蒲桃在 18 世纪之前只产于这个地方。虽然现在香料已经被广泛栽种于热带的许多岛屿，但在真正的饕客心中，马鲁古群岛产的肉豆蔻还是世界第一。除了香料之外，马鲁古群岛还产西米、稻米等农作物。

肉豆蔻

事实上，马鲁古群岛的香料的绝妙之处并非只有阿拉伯人知道，早在我国西汉时，就曾有商船开到这儿。不过，当时的香料贸易还没这么普遍。要说马鲁古群岛真正靠着卖香料致富，大约是在我国的南北朝时期即 5~6 世纪。也是在这个时期，印度尼西亚群岛上出现了一个强盛的国家，被中国称为"室利佛逝"，阿拉伯人称为"三佛齐"。

室利佛逝在 7 世纪兴起于印度尼西亚西方最大岛——苏门答腊岛的巨港。由于巨港就位于马六甲海峡的最南端，控制着从北方的中国与西方的阿拉伯帝国的商船进入印度尼西亚的要塞，因此室利佛逝很快靠着各式海上贸易强盛起来。此外，室利佛逝还是当时东南亚的佛教中心，也吸引了许多佛教徒来朝圣。

室利佛逝日益强大后，逐步控制了东方的爪哇岛和马鲁古群岛，完全掌握了印度尼西亚的香料贸易。

室利佛逝在我国的唐朝时已经非常强大且富庶。他们为了确保本国商船的航行安全，还派海军沿路保护，直至我国几个重要的港口。室利佛逝和唐朝的关系也非常良好，不但向唐朝输出肉豆蔻、丁子香等各式食用香料，还有龙脑香（樟脑）、沉香、苏合香（苏合香木的树脂）、乳香、没药等芳香制品原料。

到了宋朝时期，室利佛逝是南洋诸国出使中国次数最多的国家，有史料记载的一共有 28 次。室利佛逝使者大多载着大量的"贡品"从我国的广州登陆，其中不但有各式香料，还有白砂糖、象皮、椰枣、珍珠、蔷薇水（一种香水）等珍稀物资，其目的就是希望宋王朝"试用"之后，再继续向他们购买，所以与其说是"贡品"，不如说是"试用包"。室利佛逝就这样靠着海上贸易雄踞东南亚地区，许多东南亚小国都成为其附属国。直到 1397 年，室利佛逝才因战乱而灭亡。

热爱香料的古老国度

　　一提到印度菜，浮现在大家脑海中的往往是各式各样的咖喱菜肴。事实上，咖喱是把许多香料混合在一起的调味品。一般常用来混合成咖喱的香料有姜黄（最主要的香料同时也是咖喱黄颜色的来源）、辣椒、孜然、肉桂、丁子香、小豆蔻等。因为咖喱混制的方法很多，所以它的口味可谓千变万化。

　　印度自古以来盛产香料，印度人也以爱用香料烹饪闻名。印度大陆西南方的喀拉拉邦得力于炎热潮湿的气候，又有季节性的季风吹袭，不仅是古代胡椒的唯一产地，

印度盛产各式香料，可以在商场里找到任何你想得到的香料。咖喱起源于印度，用姜黄等多种香料混合烹调而成，在印度菜中不可或缺。

还出产肉桂、姜黄、八角、辣椒、小豆蔻、珍贵的檀木等香料。从2000年前，也就是罗马帝国时代，就吸引了阿拉伯人远渡重洋，到这儿购买香料。

印度人喜欢香料，很有可能是在公元前1500年雅利安人入侵所致。由于雅利安人来自西亚，传统

辣椒

中这是爱用香料的民族，因此也将这种文化带到印度。印度人口中印度教徒和伊斯兰教信徒占多数，常食用羊肉，而为了掩盖羊肉特有的膻味，重口味的咖喱就应运而生。

印度直到现代依然盛产各式香料，只要是你喊得出名字的香料，都可以在这个香料大国的传统市场中买到。

香料档案

肉豆蔻 Nutmeg

◎学名：*Myristica fragrans*

◎科：肉豆蔻科

◎属：肉豆蔻属

肉豆蔻是一种生长于热带地区的常绿小乔木，可以长到 10 米，又名肉蔻、肉果、玉果，是一种重要的香料和药用植物。肉豆蔻最早只产于印度尼西亚的马鲁古群岛，后被欧洲各国殖民者带到其各自在热带的殖民地种植，现在已经广布于印度、斯里兰卡、马来西亚、加勒比海地区以及中国南方等热带亚热带地区。但是由于印度尼西亚的马鲁古群岛富含火山土，这里还是被认为是全世界最好的肉豆蔻产地。

肉豆蔻树的果实 3.5~5 厘米，上图为裂开的肉豆蔻果实，可以看到红色的果皮包裹着的豆蔻核仁。

肉豆蔻可用作香料的是它的果实部分，肉豆蔻果实可以分成豆蔻核仁及肉豆蔻皮。豆蔻核仁即为肉豆蔻的种子，肉豆蔻皮为包覆种子的红色种皮。

肉豆蔻的味道浓郁、微苦，带有令人兴奋的芳香，用肉豆蔻皮或核仁制成的香料味道差异很细微：肉豆蔻皮的味道较为温和，豆蔻核仁的味道较甜。由于具有兴奋及迷幻效果，肉豆蔻成为可乐饮料中的重要成分。

肉豆蔻的味道可以与意大利面、各式肉类、多种青菜，如马铃薯、豌豆、球芽甘蓝、花椰菜等搭配，也是热红酒、热苹果酒、圣诞蛋酒的关键原料。此外，肉豆蔻也是法国传统白酱的重要成分。

肉桂 Cinnamomum cassia Presl

◎学名：*Cinnamon*

◎科：樟科

◎属：樟属

肉桂采收时，需环状剥皮，缓慢掀动，使皮层与木质部分离干净而成整块皮层。

肉桂很适合为甜点增加风味，上图为蓝莓肉桂卷。

肉桂是常绿乔木植物，又名玉桂、牡桂。树高可达 10 米以上，树皮呈灰褐色，厚约 13 毫米。肉桂树的树皮即为人们常说的"桂皮"，具有强烈而辛辣的芳香味。

肉桂是古老的香料植物，由阿拉伯商人经丝绸之路传入欧洲，成为欧洲人迫切想要的东方香料之一，价格比黄金还高，引发欧洲人开拓新航路寻找东方香料的原产地。现在肉桂主要产地在东亚及南亚地区，在中国南部的广西、广东、福建、云南等低纬度中低海拔山区亦有分布，其中尤以广西最多。

肉桂树中最常被用于烹饪的就是桂皮。干燥后的桂皮呈环形片状，常会被磨成肉桂粉，在烹饪中用途广泛。

姜黄 Turmeric

◎学名：*Curcuma longa*

◎科：姜科

◎属：姜黄属

　　姜黄为多年生草本植物，高约 1 米。芳香的根状茎粗短、圆柱状，呈现块状分支。由于根状茎长于土壤里，采集后的样子又很像姜，磨成粉之后呈亮黄色，所以被称为"姜黄"。

　　姜黄原产于印度，根据古印度医学记录，其应用可能有超过 6000 年的历史，最先可能是用作染料或着色剂，后来才开始用为调味料及药材。700 年，姜黄传至中国，之后也传至东西非，13 世纪时马可·波罗在其游记中曾提起姜黄，目前广泛种植于热带地区。

　　姜黄是印度医学和中药中常见的药材，也是常用的香料，我们平常吃的咖喱带着极为鲜艳的黄色，即来自姜黄。医学研究表明，姜黄因为含有姜黄素而具有降血脂、抗动脉粥样硬化、抗氧化、抗发炎、抗癌等作用，尤其在抗癌方面的作用，成为近来医学研究的重要对象。

第三章

无远弗届的香料贸易

威尼斯和中国商人也来帮忙

　　随着西罗马帝国于476年的灭亡，阿拉伯商人在5世纪取得了香料贸易的主导权，阿拉伯地区的势力也越来越强大，不但在632年建立了阿拉伯帝国，并且不断向外扩张。641年，阿拉伯帝国军队攻破东罗马帝国位于埃及的最后一个据点，也是极为重要的港口——亚历山大港之后，阿拉伯人已经完全控制了香料贸易。

　　正当阿拉伯人沉浸于自己版图变大的喜悦之中，欧洲世界却表达了极大反感。8世纪之后，两个宗教世界已经势不两立、壁垒分明，基督教世界里的港口中，不得有任何阿拉伯人的船只停靠，反之亦然，这使得香料贸易几乎陷入停摆。这时候只有犹太人穿梭于东西两地，将少数的香料从亚洲带回来，沿途卖给阿拉伯世界和欧洲地区。在这段时间，犹太人几乎掌握了整条贸易路线，在不知不觉中累积了大量财富。

亚历山大港
亚历山大港是埃及第二大城市。亚历山大港在中世纪因为香料贸易，跃居世界第一大港，但在15世纪末时因新航线的发展，其地位和重要性逐渐下滑。

犹太人精于计算，会雇用数量刚好的马匹和船只，只运送特定数量的香料，以便抬高价格，赚取高额利润。这样的做法很快就被其他商人识破，并摆脱犹太人的摆布。于是下一个靠香料贸易致富的民族就站上了世界舞台那就是——威尼斯商人。

西方疯狂的香料贸易

香料在欧洲的价格于中世纪初期（9世纪）到达顶峰，从当时的商务文献可知，那时香料价格高达原产地的100倍。这一切除了因为犹太人刻意哄抬价格外，基督教教廷及国王的囤积也是一个重要因素。

中世纪时不但有各种香料菜肴，当时的人们还相信一个荒谬的传说：人死后，尸体之所以会腐臭，是因为他的灵魂已经堕落；反过来，如果拥有圣洁的灵魂，就算他死去了，尸体也不会发臭，甚至会散发出各式香料的味道来。

这个传说最初只在虔诚的基督教教徒间流传，后来也为各国国王所笃信。法兰克国王查理曼（742~814），以及战功彪炳的神圣罗马帝国皇帝奥托一世（912~973）都立下遗嘱，死后要在全身涂抹各式香料。有了两位大帝级的国王开头，欧洲各国国王纷纷仿效，香料的价格自然就无限飙高。

大约从10世纪初开始，位于意大利的威尼斯和热那亚两个公国就试图摆脱犹太人的垄断，建立一条新的香料贸易通道。他们先是偷偷地和阿拉伯商人协商，希望阿拉伯人从东方把香料运到威尼斯和热那亚两个海港，再交由这两个地方的商人运到整个欧洲贩售。

面对如此省人省力且利润丰厚的协议，阿拉伯人自然怦然心动，陆陆续续运送各式香料到这两个新兴的港口。这时香料虽然因大量进货而价格慢慢下降，但仍是原产地的40~50倍，依然为威尼斯人和阿拉伯人带来了大量财富。

这条新兴的香料贸易路线真的彻底摆脱了犹太人的控制。大约在10世纪末，威尼斯已经取代君士坦丁堡成为东西双边贸易的枢纽。威尼斯共和国越来越繁盛，还与意大利周边几个商业海港国家，如热那亚共和国、比萨共和国、阿马尔菲共和国等共组"海上共和国"，并拥有自己的军队。

现代的威尼斯只是意大利的一座城市，不过10~20世纪它都是欧洲最重要的贸易港口，积聚了大量财富。从现在的威尼斯市容市貌上依旧看得出当年的繁华。

海上共和国

海上共和国指的是中世纪在意大利周边几个以商业贸易兴起的"城市国家",包括了热那亚共和国、威尼斯共和国、阿马尔菲共和国和比萨共和国。

992 年,威尼斯共和国的商人还获得东罗马帝国皇帝的特许,准许他们在帝国境内自由贸易,并且不需缴纳关税,更让它成为"海上共和国"的霸主。

但是历史总是残酷的。虽然东罗马帝国对威尼斯商人非常友善,不过在 1096 年之后的十字军东征也波及东罗马帝国。威尼斯海军也多次参战,并在 1204 年的第四次十字军东征中攻破了东罗马帝国首都君士坦丁堡。这是一段不堪回首的过去,却确定了威尼斯商人在香料贸易上独占的地位,并一直繁荣到 15 世纪初。

香料贸易不止让威尼斯商人荷包满满,也带动了欧洲的商业发展。在欧洲其他地方,那些靠着跟威尼斯商人买香料的经销商获利也相当可观,甚至在后来形成许多靠着经商发展起来的贵族阶层。在德国的纽伦堡,这些靠着香料致富的商人被称为"胡椒袋";在英国伦敦,香料商人早在 1179 年,就组成了"胡椒商同业公会",在 14 世纪还与其他商会共组"大宗交易商同业公会",加速了英国的商业发展。

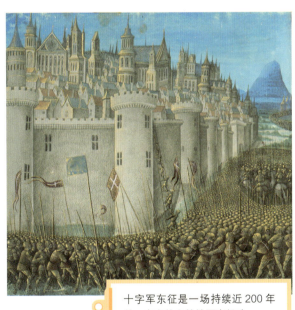

十字军东征是一场持续近 200 年的、有名的宗教性军事行动。

芫荽

伞形科芫荽属草本植物，就是我们常吃到的香菜，在地中海区域、亚洲和南美洲的菜肴中常可以见到它的身影。

茶马古道上的香料传说

　　如同前面所说，中国有许多自产的香料，除此，还善于利用食品加工的方法生产新的香料，如陈皮就是由橘皮干燥而来，那么在中国的历史上，香料是不是就不像在欧洲那么昂贵呢？

　　事实并非如此。因为虽然中国有许多自产香料，但仍有许多香料只有印度或印度尼西亚才有，在早期中国本土是完全种不起来的。这些香料包括了胡椒、豆蔻、郁金等。

　　以胡椒为例，胡椒最早在魏晋南北朝（220~589）时传入。西晋司马彪所著《续汉书》中记有："天竺国出石蜜、胡椒、黑盐。""天竺"即今天的印度。西晋张华也在他的著作《博物志》中记载了一款胡椒酒的做法。到了唐朝，借助于海运兴起，由海运进到中国的胡椒就更多了。唐代笔记小说集《酉阳杂俎》前集卷十八提到："胡椒，出摩伽陀国，……子形似汉椒（即花椒），至辛辣，六月采，今人作胡盘肉食皆用之。"

郁金

郁金为姜黄科植物的特定品种，由于具有特殊香气和鲜艳的亮黄色，可当作香料放于菜肴中，还可以当作染料。

意思是说胡椒产于摩伽陀国（古代印度的一个国家），样子像花椒，味道很辛辣，农历六月采收，当时的人做西域风味的肉类菜肴时用为作料。

从"皆用之"可见，在唐朝时胡椒已经很受人们喜爱。来源稀少，喜爱的人多，胡椒的价格自然也就水涨船高。唐朝"巨贪"宰相元载在被朝廷抄家之后，在他家搜出了胡椒800石，轰动一时。可见当时胡椒已经是很有价值、可以像黄金和白银一样被储存的商品。

到了北宋（960~1127），胡椒的使用量到达顶峰。后来《马可·波罗游记》中这样描述当时的杭州："每日所食胡椒四十四石。"这个时候的朝廷为了掌握香料的进出口，同时也为了补充国库，特别在广州设置了市舶司。市舶司是古代管理海上对外贸易的机构，相当于现在的海关。后来又陆陆续续在杭州、明州、泉州、密州等地设立了市舶司。靠着大量的国际贸易，泉州市舶司甚至在南宋（1127~1279）末年时超越亚历山大港，成为世界上最大的贸易港。

中国宋朝的香料贸易非常自由，整体来说，除了少部分香料由朝廷独占外，其他的香料朝廷都只抽十分之一的关税。文献记载，当时进口的香料多达100多种，除了胡椒、豆蔻、姜黄等食用性香料外，还有许多香料用于中药、化妆、熏衣、染色、建筑等。姜黄是一种既能食用又能染色的香料；沉香木、檀木等香木则可用于建筑。

南宋朝廷对香料贸易的依赖就更大了。由于国力衰弱，税收减少，单单关税收入就占了总税收的五分之一。这让南宋朝廷积极对外招商，希望海外各国商人多来中国

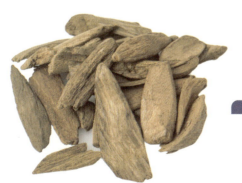

沉香木

瑞香料沉香属中某些树种如牙香树、沉香树等，其流出的树脂与木质结合在一起的融合物即称为沉香。

宋朝商船大且坚固，航行起来虽然缓慢，但装载的货物更多，也更安全。

做生意。一时之间，各大港口充斥着来自阿拉伯地区甚至欧洲各国的商人。这一举措一方面提高了政府的税收，同时也将中国的贸易路线和整个西方市场连在一起。这些连接中国、印度尼西亚、印度，到达欧洲的海上贸易路线，都可以泛称为"海上丝绸之路"的一部分。只是不同于陆地上的丝路，这条海上丝路除了转销丝绸、瓷器，最大宗货物就是香料。中国原产的花椒、姜也借着这条线路卖到欧洲。

纵观整个中国对外贸易史，大致上就是以西汉时张骞打开通往西域的丝路为起点，而后汉末开始发展与东南亚的海上贸易，到了唐朝才有大型的远洋商船。唐朝的远洋贸易已经相当发达，据唐朝史料记载，当时的广州港已经是"江（广州港）中有婆罗门、波斯、昆仑等舶，不知其数。载香药珍宝，积载如山，舶深六七丈"。

陆上丝绸之路和海上丝绸之路

陆上和海上的丝绸之路都始于汉朝，不过海上丝绸之路在汉朝时只到东南亚一带，到了魏晋南北朝以及唐朝时才逐步通到印度、阿拉伯地区和欧洲。

不过在唐朝之前除了"陆上丝路"和"海上丝路"外，还有一条很重要的商业贸易之路，连接了整个香料供应线，那就是古老而低调的茶马古道。

一般人都只知道张骞通西域开通了"丝路"，但却不知道他结束了13年的探查之旅，在公元前126年回到长安后，跟汉武帝报告西方各国地理时，还跟汉武帝推荐了一条路。张骞在当时就指出，在大汉的西南方，有一条通往身毒国（今印度）的路线，汉武帝也在张骞的建议下，派兵前往探查。

起初南下的使臣受到滇国（今我国云南）军队的阻挠，一直无法打开通往身毒国的道路。后来大将郭昌于汉武帝元封二年（前109）打败滇国军队，这才打通了这条神秘之路。这一大片道路系统包含我国四川到印度的"蜀身毒道"，以及连接我国四川、西藏、云南三省的"茶马古道"，后来这片道路都被泛称为"茶马古道"。

茶马古道

茶马古道错综复杂，连接了我国的四川、云南、西藏等地，跨越金沙江（长江上游）、澜沧江、怒江及雅鲁藏布江四大流域，是内地汉族与边疆民族、南边的印度人重要的贸易道路。

茶马古道至少在中国的春秋战国时期就存在了。最早是因为在藏族饮食文化中，茶是必备的饮品，可是西藏地区又不产茶，所以就有商人将我国云南和印度北方等地的茶叶运到我国西藏，换取西藏盛产的马匹，因而被称为"茶马古道"。不过随着贸易的发展，后来茶马古道已经不止贸易茶和马，还交易糖、盐、布、丝绸等生活用品，以及西南地区特产的药材和印度北方的香料如姜黄、麝香、番红花等。

茶马古道历史悠久，交通网络庞大而复杂，运送了许多滇缅地区和印度北方特有的商品，虽然名气不如丝路响亮，却是许多古代商人心目中的致富之路。茶

番红花

或称西红花、红蓝花、草红花、红花菜，是一种常见的香料。番红花是西南亚原生种，但由希腊人最先开始人工栽培。

马古道的商品运出我国西南地区之后，会运往河套地区以及东南沿海贩售。大批的香料又会随着商船运往阿拉伯、欧洲等地，因而将整个世界的香料贸易供输链连接起来，构成一个庞大的体系。

中国的香料国际贸易在宋朝时达到顶峰，也让宋朝商人成为新的士绅阶级。不过经历了短暂的元朝之后，中国的香料国际贸易却急转直下，因为明朝（1368~1644）开始实行海禁。

所谓海禁就是禁止一切民间船舶出海。这个政策当然直接冲击了海上贸易，因为连船都无法出海了，哪有贸易可言？不过，明朝的海禁反反复复，时禁时弛，因此还是有不少商人为牟取香料的高利润而冒险出海，但这时候香料的贸易范围已萎缩到了仅限于东南亚地区了。

到了清朝，海禁更为严格。清朝初期为了防堵郑成功反清复明的势力，不但下令海禁，还让东南沿海的居民向内迁移30~50里，这更让海上贸易变得不可实现。

明清两代，中国就这样平白错失了赚取大量国际外汇以及拓展海上势力的机会。不过单单就民间使用香料的情况来说，海禁并未造成太大的冲击。在明朝内阁大臣兼科学家徐光启的《农政全书》中就提到，大约在明朝中期，我国的海南岛就能栽种胡椒、豆蔻等香料植物了，再加上中国本来就自产的许多本土香料，因此香料价格没有大幅升高。

被迫中断的东西方贸易路线

在明朝（1368~1644）实行海禁的同时，无独有偶，欧洲的香料贸易也出了问题。

从10世纪后，以威尼斯商人为首的海上共和国靠着香料贸易赚进大把的银子。大约在14世纪末，国力渐弱的东罗马帝国逐渐控制不了西亚一带的领土（今土耳其），而让它独立成奥斯曼土耳其帝国。奥斯曼土耳其帝国建立之后，不断向外扩张，致使通往东罗马帝国首都君士坦丁堡的陆路香料贸易量日益萎缩，进而冲击了欧洲的香料供应。1453年，奥斯曼土耳其帝国的苏丹穆罕默德二世更是挥师攻破君士坦丁堡，灭了东罗马帝国，让这条陆路香料贸易之路完全中断。

起初威尼斯商人还可以单靠海上贸易路线应付欧洲的香料需求。不过到了 15 世纪中叶，受制于奥斯曼土耳其帝国控制了红海周遭的多条航道，欧洲的香料价格不断飙高。1499 年，威尼斯共和国与奥斯曼土耳其帝国爆发战争，让这条传承了几百年的香料供应链正式宣告终止。

没有了香料，欧洲人餐桌上的食物以及日常生活中对香水（香料的提炼物）的需求又该如何满足呢？

奥斯曼土耳其帝国扩张史

奥斯曼土耳其帝国原本只是土耳其半岛上的一个小国，但在 15、16 世纪已经扩张成横跨欧、亚、非三洲的大帝国。

香料档案

蒜 Garlic

◎学名：*Allium sativum*

◎科：百合科

◎属：葱属

　　蒜也被称为大蒜，是多年生草本植物。叶子细而狭长，呈淡绿色。地下鳞茎由灰白色的外膜包覆，是人们最常食用的部位。鳞茎有刺激性的气味，而且味道辛辣，一般称为蒜头，经常被用为菜肴的调味料。大蒜按照地下鳞茎的外皮颜色可分为紫皮蒜与白皮蒜两种。

　　蒜原产于亚洲中部帕米尔高原与中国天山山脉一带。在5000年前的古埃及也有栽培蒜的记录，大蒜是古埃及工人的家常便饭。古希腊人和古罗马人也重视大蒜，吃了之后可以强身健体的特征，大蒜成为劳工、运动员、水手和军人这些需要体力与耐力的群体的日常食品。此外，大蒜被当作药剂治疗许多疾病，虽然这多少是因为大蒜的抗菌功能。我国自汉代由张骞出使西域后，

大蒜被引入中原地区栽培，从此便成为我们日常生活中不可缺少的调味料。

大蒜在烹调鱼、肉、禽类和蔬菜时有去腥提味的作用，特别是在凉拌菜肴中，既可增味又可杀菌。此外，大蒜也被现代医学认为能提高免疫力，因为大蒜中含有大蒜素，有助于预防心血管疾病，具有防癌功效，不但可以消炎杀菌，也能降低胆固醇，还能维持血压与血糖的稳定，对于预防多种疾病与感染都相当有效果。

大蒜拥有非常强烈的刺激气味，吃过大蒜后也会产生强烈的口臭，所以招致了一些人的排斥。在欧洲，大蒜这种强烈的气味，被认为是吸血鬼讨厌的味道，因此可以佩戴用来驱邪。在佛教中，大蒜则被列为五辛之一，成为禁忌食品。

小豆蔻 Cardamom

◎学名：*Elettaria cardamomum*

◎科：姜科

◎属：小豆蔻属

　　小豆蔻又称绿豆蔻、白豆蔻，属姜科小豆蔻属，明显不同于另外一种叫肉豆蔻（肉豆蔻科肉豆蔻属）的植物。

　　小豆蔻喜欢生长在阴凉潮湿的地方，原产于印度南部潮湿的森林。小豆蔻在1300年前第一次出现在中医的记录中，1000年左右由阿拉伯人自中国输送到欧洲，16世纪后改由海路运送。现在大量栽培于印度、斯里兰卡、危地马拉等地，在我国的福建、广东、广西、云南也可以看到它的身影。小豆蔻用作香料的部位主要来自它的种子。它的种

各式各样的小豆蔻甜点和巧克力。

子被包覆在刀状的果荚里，须经过暴晒后才能取出。果荚经过不同程度的暴晒会显现不同的颜色，产生出来的小豆蔻也有不同风味。

整体来说，小豆蔻味道芬芳，带有樟脑和柑橘的香气，但又有点辣味，常常被用作咖喱菜的作料。在北欧，小豆蔻常被用作面类的调味料。

小豆蔻不管是搭配咸食或甜点都很适合，例如：咸的瑞典芜菁甘蓝汤里可以加上小豆蔻；甜的杏桃杏仁蛋糕也可以用小豆蔻和玫瑰水调味，伊拉克豆蔻饼干、小豆蔻醋栗莓果酱、土耳其蜜饯都是中东地区知名的甜点。除此之外，小豆蔻也可以加入咖啡，知名的摩洛哥咖啡就加了小豆蔻。

百里香 Thyme

◎学名：*Thymus monoglious*

◎科：唇形科

◎属：百里香属

百里香又名地姜、地椒、麝香草等，是一种多年生灌木状的芳香草本植物，有木质状的茎和柔软细小的叶片，为百里香属植物。

最常见的百里香是法国原生种，原生于法国普罗旺斯。百里香的品种其实多达300种以上，包含柠檬百里香、橙香百里香、银斑百里香、茴香百里香等。其中银斑百里香是最为常见作为烹饪用的百里香，柠檬百里香在柔和的草本中带有一丝柠檬香气，味道微酸，适合用于汤品、蔬菜与肉类料理。

百里香的使用已经有5000年以上的历史，古埃及人利用百里香为木乃伊防腐，古希腊人则将其用于沐浴或在寺庙当熏香燃烧，他们也相信喂食百里香花的蜜蜂能酿出最甜美的蜂蜜。古罗马人则用百里香泡澡促进身体活力，也习惯将百里香置于房间用以僻味或是为芝士及酒添加香味，并且将百里香传播到其他地区。

欧洲中世纪流行将百里香置于枕头下帮助睡眠及抑制噩梦。当时女性会将百

百里香也是地中海地区常使用的厨房香料。

从名字就可以知道，百里香有着浓郁的香气。从百里香所提炼出来的精油呈淡黄色，有杀菌的功效。

里香赠送给准备前往战场的骑士，相信它能为持有者带来勇气。丧礼中百里香也会被放入棺材中确保死者顺利转生。

　　百里香叶子饱含防腐效果强大的百里香酚，有助于改善支气管炎、牙龈炎、高血压等多种传染或慢性疾病。

第四章

寻找香料引发了
地理大发现

我要成为航海王

15 世纪，欧洲的香料贸易路线被奥斯曼土耳其帝国截断，导致香料价格飙涨，甚至到了有钱也不一定买得到的窘境。下表是一份 15 世纪左右的物价表，由表中就可以知道当时香料之贵。

这一时期，欧洲普遍使用的是一种由威尼斯共和国发行的金币——杜卡特（Ducat）。当时的威尼斯已经是比较富裕的国家，士兵薪水也较高，大约是每年 4 杜卡特。但是这一年薪数目却连一磅胡椒也买不起，因为当时 1 磅胡椒大约要 6.6 杜卡特，士兵就是

杜卡特金币
威尼斯共和国于 1284~1840 年发行的金币，因为威尼斯商人在商业贸易上的影响力，杜卡特金币从 13 世纪开始到 19 世纪初一直是欧洲最通用的高价货币。

15 世纪香料和物价表
（单位：杜卡特）

物品	价格
一头山羊	3.3
一头绵羊	6.6
一头牛	40
一磅肉桂	3.3
一磅胡椒	6.6
一磅生姜	6.6
一磅肉豆蔻皮	20
一磅丁子香	46.6
一磅番红花	200
一磅铜矿	3.3~6.6
一把枪	0.5

不吃不喝也得工作 1 年 8 个月才买得起。而且这还只是胡椒的价格，更别提丁子香、豆蔻、番红花等高级香料，他可能要工作半辈子才吃得到。

由于这时欧洲香料的价格已经飙高到不可思议的地步，促使欧洲各国都摩拳擦掌地派出船舰，急切寻找前往东方香料产地的新航线。这一系列大规模的海上探险活动，造就了后来的"大航海时代"，出现了许多历史上著名的大航海家。

15 世纪末，第一批迈开脚步前往传说中的"东方"的航海家中，最出名的就是克里斯托弗·哥伦布。一般人都只知道哥伦布发现新大陆（美洲），却不知道哥伦布正是为了寻求前往香料产地——印度的航道，才误打误撞发现新大陆的。

1492 年，哥伦布在西班牙伊莎贝拉女王的赞助下，展开他的第一次远航探险。由于哥伦布早年在里斯本的一家地图作坊工作过，因此拥有丰富的地理及科学知识。

克里斯托弗·哥伦布

哥伦布（1451~1506），意大利航海家，以发现新大陆即北美洲闻名于世。他出生于中世纪的热那亚共和国，在 1492~1502 年受到西班牙女王伊莎贝拉一世的赞助，四次横渡大西洋，并且成功到达美洲。他的航行成功地扩展了西方文明，同时拉开了西班牙殖民美洲的序幕。

此外，虽然当时的人普遍相信大地有边界，一旦走到边界就会坠入万劫不复的深渊，不过，哥伦布却相信地圆说。他相信由于地球是圆的，所以只要一直往西走，就会环绕地球，到达"东方"。

1492 年 8 月 3 日黎明时分，哥伦布的船队在茫茫大海中度过七十多天后，发现第一块陆地。哥伦布兴奋地大喊大叫，因为他相信这就是他梦寐以求的"印度"，而后哥伦布也称这块大陆上的原住民为"印第安人"（Indian）。

地球是圆的

现在的世界地图为了方便观看都画成平的，而事实上它是圆形的地球的投影。当年哥伦布就是希望靠着地球是圆的这个特性航行到东方的印度，不过却先到达当时并不知道的北美洲。

哥伦布从北美洲带了几个原住民，跟女王说他们是印度人（Indian），即后来我们熟知的印第安人。

虽然从后面的发展知道，哥伦布当时到达的是北美大陆，但有很长时间不死心的哥伦布还是坚信那就是印度大陆。他不但从"印度"带了几个"印第安人"回到欧洲，并坚称没有找到香料是因为还没到采收季节。不过，跟着哥伦布回到欧洲的印第安人却跟西班牙女王说，他们压根就不知道什么香料。

接着哥伦布寻找印度未成之后出海的，是来自葡萄牙的瓦斯科·达·伽马。葡萄牙在历史上常常被视为西班牙的附属国，一直到15世纪初，才在亨利王子（唐·阿方索·恩里克）的带领下，渐渐脱离西班牙的控制。

亨利王子堪称葡萄牙史上最重要的王子，不但巩固了葡萄牙的疆土，还提出了极有创见的想法——发展海洋事业。亨利王子认为，葡萄牙的国土太小，又地处欧洲的边界，无法与欧洲列强竞争，唯有发展海上事业，才能一举突破欧洲的封锁。战功彪炳的亨利王子没有继承王位，却选择用他毕生的心力发展海洋事业。他先在葡萄牙的萨格里什建立全世界第一个航海学校，后来还

唐·阿方索·恩里克

恩里克（1394~1460），葡萄牙王子，又被称为"亨利王子"。他在葡萄牙创立了全欧洲最早的航海学校，奠定了葡萄牙在海上争霸的实力基础。由于在航海事业上的贡献，也被称为"海王子"。

相继建立天文台、图书馆、港口和船厂，有系统地研究航海科学和技术。他的创见奠定了后来葡萄牙称霸海权的实力，他也被票选为"最重要的葡萄牙人"，位列第七。因为在海洋勘探上的贡献，亨利王子又被称为"海王子"。

而要出航寻找印度大陆的航海家——瓦斯科·达·伽马，正是亨利航海学院毕业的优等生。不同于各国对寻找印度的支持，达·伽马的船队规模相对较小，只有三艘克拉克船。不过，达·伽马背负的却是祖国的殷切期盼，唯有找到香料才能振兴葡萄牙的国力。

瓦斯科·达·伽马

达·伽马（1460~1524）是葡萄牙的航海家，人类历史上第一位从欧洲航行到印度的人（1498）。该航路避开奥斯曼土耳其帝国管辖的地中海沿岸及阿拉伯半岛，为日后葡萄牙对外殖民开启了康庄大道。

1487 年，葡萄牙航海家巴托洛梅乌·迪亚士率领船队发现了非洲最南端的好望角。达·伽马就在这个基础上，绕过好望角，再往东行，去寻找印度大陆。

1498 年 5 月 20 日，经过 5 个月的漫长航行，达·伽马真的不负期望，来到印度西南部的卡利卡特港。虽然一开始达·伽马的船队和当地政府发生了冲突，对方不但绑架了前去交涉的葡萄牙使者团，还将大炮瞄向经过长途航行、已经残破的葡萄牙船队。通过将近三个月的交涉，达·伽马用计反抓了对方的人当人质，并在慌乱中决定带船逃离这个地方。在临走前，他抛下了一句话："好自为之，我很快会重返卡利卡特的。"

可以预期的，后来葡萄牙也真的找到了前往印度的新航线，成为下一个香料贸易的盟主。

在船上指挥的达·伽马，他身边是代表葡萄牙的旗帜。

香料开启海上殖民时代

发现通往印度的航线之后，葡萄牙很快又发现通往印度尼西亚"香料岛"（马鲁古群岛）的路线。短短十年间，葡萄牙的军队、商人陆陆续续来到这些香料产地，成为欧洲香料的主要供应者。

从葡萄牙里斯本的海上贸易资料可以看到，葡萄牙船队在 1501 年将大约 177 吨胡椒从印度运回里斯本，到 1505 年已增加到 1470 吨，到 1517 年则高达 2830 吨，同时还有许多丁子香、豆蔻等只有印度尼西亚"香料岛"独有的香料。

可以想象，这时葡萄牙商人在欧洲大陆上是多么风光。不过这笔可观的利润也引起了其余各国的觊觎。

16 世纪的葡萄牙船舰力量强大。

由于葡萄牙官方对新航线保密到家，其他国家只能自己去找新航线。其中海上实力相当强大的西班牙，虽然有了哥伦布的失败教训，却仍不放弃"一直往西走，可以到达东方"的想法。于是他们再接再厉，在 1519 年又派出了航行环绕地球一周的伟大航海家——费尔南多·德·麦哲伦出航。有趣的是，虽然麦哲伦这次是代表西班牙皇室出航，不过他却是个不折不扣的葡萄牙人，而且也是"亨利航海学院"的学生。可以说 15 世纪末到 16 世纪初，一流的航海家都是来自这所学校。

1519 年 8 月 10 日，麦哲伦率领一支由 270 名水手和 5 艘海船的队伍，从西班牙的塞维利亚往西方出航。和之前哥伦布不一样的是，他修订了航线，让它稍微偏南，所以事实上他是往西南方走的。这一个小小的修订，导致了一个和哥伦布完全不一样的结果。

麦哲伦往西南前行，首先碰到的是南美洲大陆。紧接着他沿着南美大陆的海岸线航行，经过了"麦哲伦海峡"，通往了另一片水域——太平洋。之所以叫太平洋，是因为麦哲伦在这儿航行的 100 多天中，完全没遭遇任何狂风巨浪。

1521年春天，麦哲伦船队成功横越太平洋，到达菲律宾中部。看到青绿的山峦和丰饶的农田，麦哲伦知道自己来到东方了。不过，后来麦哲伦在西班牙军队和当地居民发生的冲突中被杀身亡。他的部下带着船队和一整船的香料回到欧洲，完成了环绕地球一周的壮举。

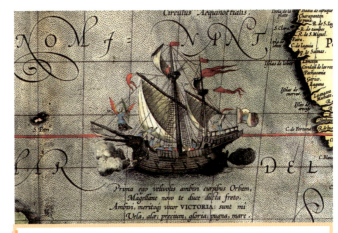

"维多利亚号"是麦哲伦船队里仅有的一艘完成环球航行的船只。

虽然西班牙费尽千辛万苦，从远东地区运回了几船香料，并且开拓了航向东方的新航线，但仍撼动不了葡萄牙香料贸易盟主的地位。葡萄牙的香料贸易不只是一味地运香料回欧洲，还在各国巨商如日耳曼（德国）和法国的几大家族支持下，在印度和印度尼西亚发展殖民统治，借以加速香料栽培和销售，并控制了当地，即葡属印度和葡属印度尼西亚。

费尔南多·德·麦哲伦
麦哲伦（1480~1521）是葡萄牙航海家，但是为西班牙政府效力探险。1519~1521年，麦哲伦率领船队首次环航地球。虽然麦哲伦在航行过程中身亡，但他船上余下的水手却在他死后继续向西航行，最后回到欧洲。

鉴于葡萄牙殖民政策的成功，国力强大的西班牙也想效仿。由此，两国之间冲突不断。1494年6月7日，两国在教皇亚历山大六世的调停下，签订年约《托德西利亚斯条约》，同意在佛得角群岛以西从北极到南极画一条线，线以东一切非基督教的新发现领土归葡萄牙，线以西归西班牙。这就是所谓"教皇子午线"。但麦哲伦船队到达马鲁古群岛后，两国又产生了争执。1529年4月22日，西班牙皇室委托教皇当仲裁。在教皇的见证下，以马鲁古群岛以东17度为界，在这条界线的西边为葡萄牙的领地，东边为西班牙的领地。这份契约由于在西班牙萨拉戈萨签订，所以叫《萨拉戈萨条约》。这是人类史上第二次"合法"瓜分世界的做法，引起了后来一系列的殖民活动和奴隶政策。

香料战争

16世纪中期，虽然大批的香料经由新航线从东方运回欧洲，让欧洲香料价格大幅下降，但它仍是非常昂贵的商品。这时市面上不但有正统的香料，还有以假乱真的"假香料"，其中最常出现的是来自西非的"乐园籽"——天堂椒的果实，被不良商人当作胡椒贩卖。

乐园籽
又称非洲豆蔻、马拉盖塔胡椒，来自一种叫作天堂椒的姜科植物。由于乐园籽也含有胡椒味，所以古代欧洲的不良商人会将乐园籽当作胡椒贩卖。

16世纪下半叶，国力日益强大的英国也加入开发远东香料航线的行列，并且在女王的支持下，成立了英属东印度公司。不过相较于葡萄牙人和西班牙人，英属东印度公司知道的航线和贸易据点很少，为了能获得葡萄牙和西班牙的香料、航海图和航行记录，这家公司在成立的前几年只能在海上从事抢劫，也就是充当"海盗"。1580年左右，当时英国从事抢劫的海员中，以弗朗西斯·德雷克最为有名，还被英国女王授予爵士的头衔。当时英国船队带回的满舱香料，大多是抢劫而来。

1580年，原本对立的葡萄牙和西班牙因为宗教的关系合二为一，这更让西班牙的势力一飞冲天，不但大举提高香料价格，更宣布要打击英国这种海盗行径。1588

1588年，西班牙无敌舰队和英国战舰交战。

年，西班牙派出了当时所向披靡的"无敌舰队"前往英国。这支舰队共有150艘船、3万多名士兵，又配有大口径大炮和厚重的船体，有"海上城堡"之称。不过，刚愎自用的西班牙国王腓力二世却派出了陆战将军去指挥这只大船队。在战略频频发生错误的情况下，被英国轻快的战船击败，而且是大败，一共损失了上百艘船只及14000多名士兵。自此之后，西班牙的国力一蹶不振，英国也成为新一代的海上霸主，开启了辉煌的维多利亚女王时代。

1595年，荷兰也加入了这场香料争夺战。虽然荷兰人似乎较晚进入争夺香料的行列，但是事实上已在印度及印度尼西亚经营颇久，他们从16世纪末就已经在印度殖民，并且熟悉印度和印度尼西亚之间的海图、航行季节。可以说，荷兰人只是在伺机而动。

16世纪末，世界的海权霸主因为忙于与英国交战而国力渐弱，荷兰就趁这个机会一举进入东方的香料市场。荷兰商人在1595~1602年间，先后成立了14家以印度和印度尼西亚的香料为投资重点的公司，为了避免自我竞争，在政府的辅助下，将这14家公司合并成一家公司，就是史上有名的"荷兰东印度公司"。荷兰政府又私自在国会

荷兰东印度公司

荷兰东印度公司成立于 1602 年，是世界上第一家跨国公司、股份有限公司。它以转卖东方的物资为主，而其中的最大宗商品是来自东方的香料。它的成立受到荷兰政府多方面的支持，不但拥有商船，还有军舰。17 世纪末，荷兰东印度公司成为全世界最富有的公司，不但拥有超过 150 艘商船，还有 40 艘战舰、20000 多名员工、超过 10000 人的佣兵。荷兰东印度公司的简称是 VOC，其旗帜在 17、18 世纪飘荡在亚洲各地。

中通过，并且授权荷属东印度公司具有从非洲南端的好望角到南美洲南端的麦哲伦海峡之间一切贸易的垄断权，好像全世界都是他家的一样。

从历史上我们可以看到，为了抢夺香料，各国政府的做法越来越极端。荷兰虽然于 1602 年才成立荷兰东印度公司，但为了与西班牙和英国一较长短，荷兰从一开始就实行"横行模式"的策略，简单来说就是"横行霸道"。

荷兰对殖民地采取极端的军事和商业垄断手段。例如：荷兰曾在 1623 年 2 月对印度尼西亚的班达群岛进行大屠杀，只是因为荷兰东印度公司的高层耳闻当地居民"似乎"准备与英国人联合起来对抗他们，为了先发制人，他们就发动了这次屠杀。在这次屠杀中，至少有 1.4 万的当地人死亡，而其他幸存者几乎都被抓到爪哇岛当奴隶；1760 年，荷兰人还曾烧毁一座存满豆蔻的仓库，其目的就是为了将香料价格哄抬上去，以换取自身的最高利益。

从 1588 年发生的英西战争，到 18 世纪末的这段时间，欧洲各国为了争夺香料而发生的战争不计其数，史学家称这些为了争夺香料而发生的战争为"香料战争"。

香料战争一直到18世纪末才逐渐趋缓，除了欧洲人的口味开始改变，最主要的原因还是因为法国人开始在其他热带地区种植香料。

1755年，法国一位绰号"胡椒皮耶"的探险家兼植物学家，决定要达成栽种香料的目标，就搭乘法国的船舰前往马鲁古群岛。他假装要买香料，不过真正的意图却是偷取丁子香和豆蔻的树苗。但是他没有骗过荷兰的守卫，因此这次任务失败。15年后，"胡椒皮耶"卷土重来，这次他成功取得树苗，并将这些树苗送往非洲大陆东边的"法国之岛"——毛里求斯。这些香料在这边长得很好，后来法国人还将这两种香料树苗带到中美洲的加勒比海地区栽种，也都取得了不错的成绩。

18世纪末，由于香料植物栽种成功，再加上一连串政治因素，荷兰东印度公司无法化解营运危机，终于在1799年12月31日，也就是18世纪的最后一天，宣布破产解散，也终止了荷兰长期以来对亚洲香料贸易的控制。

毛里求斯
位于非洲第一大岛马达加斯加岛以东约900千米处。毛里求斯现今为毛里求斯共和国，是有名的观光胜地和香料产区。

香料档案

黑胡椒 Black pepper

◎学名：*Piper nigrum*

◎科：胡椒科

◎属：胡椒属

胡椒的果实在还未成熟时呈现绿色，之后会逐渐转黄，最后变成红色的成熟果实。

　　胡椒是胡椒科的藤本植物，其果实在晒干之后制成的香料也称胡椒。它原产于南印度，现在在世界上热带许多地区都有栽培。一般当我们提到胡椒时指的都是黑胡椒，不过事实上还有白胡椒和绿胡椒。

　　其实这三种胡椒来自同一种植物，只不过是在果实不同的成熟阶段采摘然后暴晒

而成。绿胡椒是在胡椒的果实还很青涩时采下，晒干之后呈淡绿色，所以称为绿胡椒；黑胡椒是在胡椒开始成熟时采下，一般这个时候的果实是绿色偏黄，晒干之后呈黑色；白胡椒则是在胡椒完全成熟、呈现红色时才采下，晒干后呈白色。

　　三种胡椒中用量最大的是黑胡椒，因为它浓郁的辛辣味很适合用来搭配烤肉、炖饭、焗烤和各种冷食。胡椒的辣味来自其所富含的"胡椒碱"。除了提供辣味，它在许多临床实验中被发现能减缓药物的代谢作用，简单来说，就是当病人将特定药物和胡椒碱一起服下时，可以强化这种药物的疗效。因为这个特性，胡椒常被用来和抗癌药物让病人一起服下。

　　在中世纪之前（15世纪前），欧洲、中东和北非市场上的黑胡椒都来自印度西南的马拉巴尔地区。在16世纪，胡椒开始在爪哇岛、巽他群岛、苏门答腊岛等东南亚地区栽培，不过印度的马拉巴尔地区仍是重要的中继站。

番红花 Saffron

◎学名：*Crocus sativus*

◎科：鸢尾科

◎属：番红花属

番红花是多年生草本植物，主要产地在西亚和部分欧洲地区。现今伊朗是世界上番红花的最大产地，约占世界番红花供应量的90％。番红花的原生地在波斯（现今伊朗），为当地传统的香料饭增色。据说最初是由腓尼基人沿着地中海的海路，将番红花往西一路运到西班牙。也有传闻番红花是随着十字军东征而由骑士与朝圣者传入欧洲的。无论如何，番红花进入欧洲后扎根生长，成为许多国家名菜中的重要食材，如西班牙海鲜饭、普罗旺斯马赛鱼汤、米兰炖饭等。古代中国人称番红花为藏红花或西红花，是因为番红花是由我国西藏辗转传入的，不过事实上西藏并不产番红花。

番红花又有"红金"之称，因为在古代它的价格可比黄金，虽然现在没这么昂贵了，但仍为世界上最贵的香料之一。番红花会这么贵有许多原因，除了运输成本外，它的种植及采收方式也让它物以稀为贵。番红花用作香料的部分仅仅是它

番红花适合生长在极端的环境，所以像西亚高原这种夏热冬寒的地方就很适合栽种。不过，它又非常娇贵，必须在日出前采收，因为它的香气在被阳光照射之后会消失殆尽。上图为番红花的近照图，采收的部分为它的三支鲜红色雌蕊。

西班牙海鲜炖饭与
意大利面齐名。

的雌花花柱，占整株的比例极少，大约要采集 17 万朵番红花才能搜集到 1 千克的番红花花柱。此外，番红花不是靠种子而是靠球茎繁殖，因此必须在干燥的夏天或寒冷的冬天种植才不会导致球茎坏掉，需要耗费大量人力。另外，采收过后的番红花田必须休耕 7 年才能恢复地力，方可再次种植。

番红花的味道苦中带甜，具有甘草和香菇的芳香味，世界上著名的菜肴，如西班牙海鲜炖饭、印度香饭、马赛鱼汤都要用到它。它在餐饮界的地位极高，被称为"香料女王"，和黑松露、鹅肝、鱼子酱并称为美食殿堂上的"三王一后"。

辣椒 Chili Pepper

◎学名：*Capsicum annuum*

◎科：茄科

◎属：辣椒属

辣椒是当今常用于菜肴的香料，其家族种类繁多，如魔鬼椒、朝天椒、青椒、甜椒、墨西哥辣椒等。一般使用的辣椒，果实为圆锥形，未成熟时呈绿色，逐渐成熟转变成黄色、橘色、鲜红色。种子很小颗，呈淡黄色。辣椒的辣味源自辣椒素，主要存在于内部的白色辣囊，许多人在去掉辣椒籽时也会一并将其刮掉，这样辣度会降低许多。

辣椒为木本茄科植物，原产于中南美洲热带地区，在 1900 万年前与西红柿有着共同的祖先。公元前 7500 年，古印第安人已经会用辣椒烹调食物，从墨西哥到秘鲁也都有种植辣椒的踪影。直到 1493 年，哥伦布来到美洲大陆发

现辣椒，并从墨西哥把辣椒带回西班牙。之后，辣椒随着贸易船队流入西班牙的亚洲殖民地菲律宾，再经由贸易传入中国、印度等亚洲地区。辣椒在明代末期传入中国，当初被作为药物使用，甚至作为观赏植物。直到清乾隆年间才把辣椒加入菜肴中，现在中国各地普遍栽培辣椒，而且是用量最大的香辛料。

使用辣椒作为餐饮作料能增进人的食欲，而以辣椒作为调味的食物多不胜数，除了制作辣椒酱或是作为肉类的调味以外，较经典的墨西哥菜、中国的川菜与湘菜、韩国料理都是以辣味出名的。其中，辣椒传入韩国后，民众利用辣椒腌渍食品，辣椒成为韩国泡菜必备的主要调味料。

第五章

不止于食用
的香料

香料的副产品

  截至目前，我们似乎都专注于介绍香料在作为食物作料方面的妙用，以及各国商人和军队为了争夺香料而各施奇谋甚至大打出手。事实上，香料在人类的历史中可并不仅仅被用在饭桌上。例如：由于绝大多数香料都由植物制成，因此一贯强调以天然动植物或矿物入药的中医，当然也没忽略它。在古老的《神农本草经》中就记载，肉桂的性质大热，且有"主（主治）百病，养精神，和颜色，利关节，补中益气，久服通神，轻身不老"的功效。据传明朝的嘉靖皇帝到了 30 岁还未有子嗣，后来是吃了南方道士进贡的以肉桂当基底并和其他中药材混合而成的"仙药"，之后才有了皇子，而且连续生到了 50 岁，共生了 8 位皇子和 5 位公主。

  在神秘的古埃及，香料还被用来填充木乃伊。木乃伊的制造过程繁复、神秘，得到各国科学家的持续研究。目前比较确定的是，这些木乃伊在进行防腐处理时，会在含有孜然（小茴香）的液体中浸泡过，而在内脏被掏空的身体里则会塞入大量胡椒、肉桂、乳香等香料。

  虽然其他的香料使用方法，不像"食用"那么大宗。不过，这些不一样的香料用途，却影响了整个人类文化形态，就让我们一起来瞧瞧吧！

东西方都爱的香水

东方的熏香

中国至少从战国时期开始，就流行将香料放在香炉中燃烧，而后用香炉中飘出的香气来熏衣服，这时用香的方式称为"熏香"。直到现代，都还有人在沿用这种方式。

一般熏炉中使用的香料为沉香、郁金、乳香等高级香料，因此这种熏衣习惯只在少数贵族中流行。到了汉朝，由于汉朝初年的汉武帝非常喜欢熏香，因此熏香成了宫廷中必备的礼制，甚至还设有"熏衣楼"，让宫女帮王公贵族们熏衣。有一首描述这种情形的诗："西风太液月如钩，不住添香折翠裘。烧尽两行红蜡烛，一宵人在曝衣楼。"裘，指的就是毛皮大衣。根据诗意可知，皇族权贵们满身香气、风流华贵，却是一干宫女熏来的。

两汉时，熏香已经成了贵族交际中必备的礼仪之一，就如同现代人会认为女生"化妆"是一种礼貌一样。

熏炉是用来盛装并燃烧香料的器皿，自古以来也是奢华的代表，制作材质从各式金属到玉都有。

有时候为了避免熏香时被烫到，还会在熏炉外面罩上熏笼。

当时用来熏香的工具叫"熏炉"，为了防止衣服被烧到，会在外面加上一层罩子，称为"熏笼"。在长沙马王堆的汉墓中，就挖掘出许多熏炉、熏笼。

熏衣文化一直延续到唐宋时期，这时候的士人已不再满足于只是拿熏炉熏衣了，他们连卧室、客厅、浴室都要熏，也就是宋朝人李石在《乌夜啼》词中提到的"绣香熏被梅烟润，枕簟碧纱厨"。意思就是说，文人雅士会用香将整个家里面彻底都熏一遍，残留的烟雾飘在空气中，就像朦胧的纱帐一样。

这种熏香习俗，唐朝以后更疯狂。这个时候的香料已经不只是放在熏炉中燃烧了。为了满足各种需求，唐人还将各式复合型香料做成香粉、香饼、香膏，可以直接喷洒或涂抹在身上。此外，这一时期还发明出"印香"，也就是类似点蚊香的方式，将香环放在一个台子上，让它燃烧。

唐朝时还有人发明了"口齿芳香剂"，据说是从唐玄宗的亲哥哥宁王李宪开始的。《开元天宝遗事》中记载："宁王骄贵，极于奢侈，每与宾客议论，先含嚼沉麝，方启口发谈，香气喷于席上。"意思是说，宁王非常注重自己的形象，每次在和人讨论前，都会先含沉香或麝香（麝香是一种动物性香料）。所以每当宁王开口时，香气四溢，让会场的人都如沐在顶级的香料中。这种香料口齿芳香剂在后来演变成"香丸"，让文人雅士随时都可咀嚼。

此外，从唐中宗朝之后，还出现了"斗香"这样的艺文活动。与会者带着各式香粉、香膏、香饼，到会场跟人比试谁的香气最为迷人。也就是《清异录》中所说"各携名香，比试优劣"。五代十国时期，南唐中主李璟也召集宗室大臣"斗香"。"斗香"还和"品茗""插花""挂画"合称为"四雅"（品茗为品茶；挂画为布置画、屏风、卷轴等画作）。宋朝时还有一位用

麝香

麝香是一种取自麝科动物身上香囊的香料，又名寸香、当门子，是制造香水的重要香料。麝科动物有许多种，图中的林麝是其中一种，其英文名musk deer，而麝香就被称为musk。

斗香

一种古代评比谁带来的香料制品更为芳香馥郁的文艺活动，大约始于唐朝，盛于宋朝。

香大户，那就是宋徽宗赵佶。宋徽宗是历史上有名的艺术皇帝，书法、绘画都有很高的造诣。除了舞文弄墨外，他还有搜集香料的癖好。在搜集的众多香料中，他最爱的是龙涎香。这种香料是海里鲸鱼的分泌物，所以取得非常不易。龙涎香的香味持久度比其他香料高，如果将龙涎香和其他香料比较，当其他香料的味道都散失，唯有龙涎香仍保有香韵。

龙涎香在唐朝以前叫阿末香，到了宋朝，由于皇帝喜爱，才改名叫"龙涎香"。宋徽宗还将龙涎香和其他香料混合制成"宣和复御前香"（宣和为宋徽宗的年号），有"天下第一

龙涎香

龙涎香又称灰琥珀，是抹香鲸消化系统中的分泌物，简单来说，就是抹香鲸的"呕吐物"。由于抹香鲸的食物是以深海巨乌贼为主，再加上特殊的消化道环境，让这种分泌物产生出一种特殊的香气，所以常被用来制造香水。

香"之称。

到了现代，龙涎香的价格依然惊人。2015年，两个英国人在海边捡到约50千克的灰色石头（即龙涎香），最后卖得55万英镑。

西方的香水

不同于东方使用熏香，西方世界自古以来比较常使用的则是香水。

没药

香水和香料最大的不同在于，它必须先用浸泡、蒸馏等化学方法，将香料里的香味提炼出来，再让这些香味分子溶解在酒精等化学溶剂中制成。顶级香料的价格就已经非常惊人了，还要经过层层工序提炼的香水，价格自然也就高得令人咋舌了。现在市面上比较好的香水，是有钱人才消费得起的商品。

事实上，香水在古代也是有钱人专属的商品。不过到了17世纪和18世纪，由于香水工业蓬勃发展，各种比较便宜的香水纷纷问世，才让香水进入一般民众的生活中。

香水起源非常早，根据古老的石碑记载，在公元前1200年的美索不达米亚平原就有香水。当时有一位叫作塔帕蒂的女性高级官员，负责监督皇宫里外的布置。为了使皇宫的居住品质更佳，她使用水、油及其他溶剂，将花、菖蒲、没药等植物的香味溶解于其中，制造出香水，喷洒在皇宫内外。

后来这项技术随着战争和贸易，传到地中海沿海一带，

所以古埃及、古希腊的亚历山大帝国、罗马帝国都留下了大量使用香水的记录。

在公元前 2 世纪，欧洲正处于"希腊化时代"，也就是地中海沿岸的邦国都深受希腊文化影响的时期，在意大利中部的伊特鲁里亚文明就出现了女性头像状的香水瓶，可见当时的人不但使用香水，还注重香水的包装，香水的使用已经成了一种文化。

在香水史上，最出名的是酷爱香水者——埃及艳后克利奥帕特拉七世。史料记载，这位古埃及托勒密帝国的末代女王经常使用 15 种不同香味的香水洗澡，甚至还用香水浸泡她的帆船。在埃及艳后的带领下，贵族们都养成了喷洒香水的习惯，到了后来，在公共场合没喷香水甚至是违法的。另外，埃及艳后还靠着自身的美色和香水的帮助，引诱了罗马执政者，盖乌斯·尤利乌斯·恺撒，并获得来自罗马的军事帮助。埃及艳

埃及艳后
埃及艳后本名克利奥帕特拉七世（前 69~前 30），是古埃及托勒密王朝的末代女王。克利奥帕特拉七世聪明且富有交际手腕，尤其她与尤利乌斯·恺撒结盟并成为其情妇，因而被称为"埃及艳后"。

升华锅是阿拉伯化学家贾比尔发明的蒸馏器，它和现代蒸馏器都是先利用加热让液体形成蒸汽，而后用冷水或其他冷却的方法，让蒸汽凝结，这么做可以分离出液体中的特定成分。

后对香水的喜爱，后来延续到罗马人的生活中。

随着技术的进步，西方人对香水的喜爱有增无减，研究出各种提炼香水的方法。现代最常见的香水提炼法，是在8世纪由阿拉伯化学家贾比尔·伊本·哈扬发明的"蒸馏"技术。利用高温将香料里的香气蒸出来，再溶解在酒精、蓖麻油或其他化学药剂中。

现代蒸馏器材

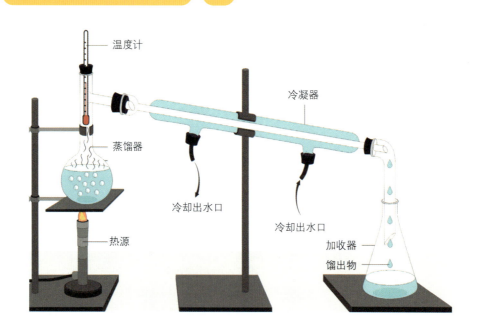

温度计

冷凝器

蒸馏器

冷却出水口

冷却出水口

热源

加收器

馏出物

西方对香水的研究和使用，到了 18 世纪在法国到达顶峰。法国在 18 世纪已经是非常强大的国家，不过在法国尤其是首都巴黎，却有个很大的问题——臭气熏天。

古代法国人的卫生观念极差，人民不但不爱洗澡，还随地大小便。上流阶级会靠一层一层的香水，来掩盖身体的恶臭。据文献记载，法国国王路易十四从 1647 年到 1711 年的 64 年期间，只洗过一次澡。而且这一惊人的纪录是由路易十四的医生为他记录的，可信度相当高。此外，由于宗教和医疗观念的关系，当时的人视洗澡为一种治疗行为，没有医生的吩咐，上流阶级绝不轻易洗澡。

路易十四死后，摄政的奥尔良大公菲利浦的母亲在一封信中写道："街上臭气熏天，由于酷暑鱼肉腐烂，再加上成百上千的人在大街上随处撒尿，令人作呕。"另外 1776 年代表美国出访法国的大使富兰克林，到巴黎时还被当场熏晕过去。巴黎完全符合当时"恶臭之都"的名号。

路易十四

路易十四（1638~1715）是法国国王，也是世界上在位最久的君王，共在位 72 年。路易十四亲政期间发动过许多战争，虽然让法国疆界变大，但战争开销也使得国库空虚。在他死后，法国国力日渐下滑。

讲了这么多，就知道为什么古代的法国人这么喜欢香水了。因为没有香水，他们实在活不下去啊！

18 世纪初即位的路易十五，就曾下令每天都要在皇宫的里里外外喷洒大量香水。而当时的皇宫——凡

尔赛宫，就赢得"香宫"的名号。19 世纪初即位的拿破仑对香水就更挥霍了，不止皇宫内要喷，连巴黎街道上也要喷。另外他还鼓励人民多用香水，并在法国南部温暖潮湿的里维埃拉沿海栽种各式香水植物，这也奠定了法国的香水工业基础。

法国人一直到 18 世纪末之后，才渐渐意识到洗澡的重要性。不过他们使用香水已经变成"习俗"，因此即使在洗完澡后，还会喷一些香水。

沟通天地的 "香"

在东方的寺庙或道观中，常常可以看到信徒拿着燃烧的"香"，用来祭祀神明、天地及祖先。这些"香"也都是由各类香料如沉香、丁子香、檀香、排草等混合制造而成。到底这个习俗有什么作用？它又是怎么来的呢？

东方的烧香习俗最早起源于何时，已经不可考，但可以确定的是，在西周时就有"燔柴"，也就是烧香文化。在古代重视祭祀的年代里，神明高高在上，如何能享用到人间的祭品，或听到人们的心愿呢？于是人们利用烧香的方法，靠着冒出的袅袅香烟，将心声传到天上。

事实上，不只东方有烧香习俗，在西方也存在。古埃及就有许多燃烧香料以供奉神明的记录。在《圣经·旧约》中也明确指出，沉香、没药、乳香这三种香料，是在基督诞生前，由三位先知带到人间的。《出埃及记》中要信徒将这三种香料按照一定比例，混合其他物质，制成圣香，通过燃烧来供奉上帝。

烧香在不同宗教或文化中，有不同含意。在道教中，烧香是用来与神明沟通；在佛教中，烧香是用作"礼佛"，即向佛礼拜忏悔时所用的。

基督教神职人员拿的香炉是手提的，所以称为"提炉"。

让人身心放松的芳香疗法

芳香疗法，简称"芳疗"，是萃取天然植物的芳香味道，通过涂抹在皮肤上，或用鼻子吸取，而产生治疗效果的医疗方式。芳香疗法原本只算是另类医学，也就是俗称的"民俗疗法"，但随着越来越多科学研究证明了其疗效后，也渐渐得到各方认可。现在各国不但纷纷成立芳香疗法协会，还有职业的芳香疗法治疗师，简称"芳疗师"。

美国的医药卫生机构也在 2009 年提出用于芳疗中的精油的认证标准，这是首次将精油当作治疗药物所设的标准，可见现在各国对芳香疗法的重视。

芳香疗法最早起源于古埃及，当时的人们就会从各种香料和花卉中提取出精油，用于医疗、按摩和泡澡。而且在一些宗教仪式中，芳香疗法也常被应用于让人安定心宁，以利于进入冥想状态。

到了现代，芳香疗法真正被应用于治疗，却是源于一场意外。1928 年，法国化学家罗内·莫里斯·盖特佛塞在做实验时，不小心炸伤了手。出于本能反应，他将手立即插入一旁正在研究薰衣草的水溶液。让他惊讶的是，疼痛感在很短的时间内就减轻了，而且事后的恢复效果也特别好。

盖特佛塞从那之后，就进一步研究香草植物的治疗效果，并于 1937 年出版了《芳香疗法》一书，开启了芳香疗法医用化的大门。

在盖特佛塞之后，有许多医学专家投入到芳香疗法的研究。不过，真正将芳香疗法实际用于临床上的，当属法国的让·瓦涅医生。第二次世界大战时，瓦涅医生用精油替受伤的士兵治疗，还将芳香疗法应用于治疗精神病患者，都获得很大的成功。瓦涅医生还意识到，现代药物和抗生素会让人产生耐药性，需要使用的剂量越来越大，才会有原本的效果，但是天然的精油并不会出现这种耐药性。

1950 年，出身于奥地利的保养专家玛格利特·莫利将芳香疗法与她熟悉的脸部、身体按摩结合，另外还加上独创的脊椎按摩，首次将芳香疗法带到化妆美容领域。莫利还出版了《莫利夫人的芳香疗法》一书，在英国非常畅销，大大地拓宽了芳香疗法的应用范围。

芳香疗法发展至今，科学家发现，若是将人工合成的香料精油应用于治疗中，其效果远远不及天然精油。所以在芳香疗法领域，大多是采用天然萃取精油。

薰衣草

薰衣草是一种唇形科香草植物，花朵呈鲜艳的紫色，常被用来提炼香精或用于摆饰。

香料档案

没药 Myrrh

◎学名：*Commiphora myrrha*

◎科：橄榄科

◎属：没药树属

没药又被称作末药，是从没药树枝上取下来的树脂，呈现黄白色到红色的透明结晶状。没药树是一种橄榄科的常绿乔木，来自古代中东地区及东非一带。早在 3000 年前，没药就是古文明国家经常使用的药材，因没药具有特殊香气，古代西方人多将没药树枝制作成各种芳香剂、防腐剂、止痛剂或香水，也能作为杀菌或清洁净身之用，是极其珍贵的香料。将没药与乳香精油混合也能做成没药精油，可涂抹在皮肤上，或是在沐浴时

加入几滴泡澡，能减缓疼痛、消除疲劳、安定情绪。在东方，没药常用来入药，被当作活血化瘀、止痛、健胃的药材。《本草纲目》中也记载了它对伤口愈合以及调节妇女生理机能的帮助，是中药材中促进血液循环与缓和疼痛不可缺少的药引。

没药为橄榄科植物没药树的树脂，呈现黄白色到红色的透明结晶状。没药具有特殊的香气，古代西方常被用来制造香水。在东方，没药常用来入药，被当作活血化瘀、止痛的药物。

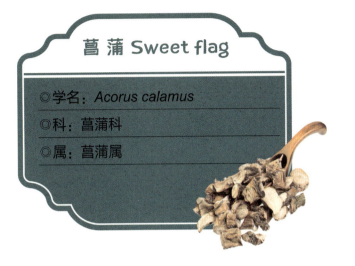

菖蒲 Sweet flag

◎学名：*Acorus calamus*

◎科：菖蒲科

◎属：菖蒲属

菖蒲的果为红色长圆形直立状物。

　　菖蒲是一种多年生的水生草本植物，别称有白菖蒲、剑菖蒲、山菖蒲等。菖蒲在地下长有横走的根茎，肉质根下长有很多毛发状须根，叶片狭长呈剑状，可长达90厘米。菖蒲花为黄绿色，上面长有红色长圆形直立状物，就是它的果。

　　菖蒲通常生长在水边、沼泽湿地或水田边，喜欢温暖湿润的气候，进入冬季时地下茎会潜入泥中越冬。菖蒲分布很广，原产于中国及日本，整个南北两半球的温带、亚热带地区都有分布。

　　每逢端午时节，家家户户会把菖蒲和艾草悬挂在屋檐下，用来驱邪避凶。夏秋夜晚时燃烧菖蒲、艾草，则可以驱蚊虫，这些习俗依然保持至今。据记载，古人夜读时常常在油灯下放一盆菖蒲，这样可以免受灯烟熏眼之苦。

菖蒲生长在潮湿的水边，人们利用的是它匍匐在地下的根。

第六章

香料战争的终结

人工香料时代来临

1799 年 12 月 31 日，也就是 18 世纪的最后一天，长期垄断东方香料贸易的荷兰东印度公司宣布破产、解散，这象征着香料战争已经打到了尽头。为了获得香料而兵戎相见，往往得不偿失，因此荷兰东印度公司就毅然决然做了这个决定。此时另外一项科学变革也在悄悄进行，它在 18 世纪末、19 世纪初就慢慢酝酿，几乎到了 19 世纪末，就直接宣布了香料战争的结束。这项改变人类衣食住行的变革就是"有机化学"的发展。

现在我们查询香料介绍，总可以看到标示出许多组成成分，例如：胡椒含有维生素 A、维生素 E、胡椒碱、辣椒碱；肉桂含有肉桂醛、丁香酚、甲酸苯甲酯，以及少量香豆素。古人并不知道这些香料的组成成分，他们只知道这些香料能散发出独特且迷人的香味。我们现在之所以知道这些香料的组成成分，就是因为"化学"，特别是"有机化学"的发展。

"有机化学"的概念最早由瑞典化学家永斯·雅各布·贝采利乌斯于 1806 年提出。他发现，许多我们平常熟知的物质如肉、皮毛、胡椒等，都可以分解为更小的"分子"。

而这些物质（肉、皮毛、胡椒）来自有机
体（即生命体，如动物、植物、真菌类等），
它们的组成小分子中，往往都含有"碳"。
所以他就将这类的化学物质称为"有机化
学"物质。由于这些小分子都含碳，所以
也有人称为"碳化合物化学"。简言之，"有
机化学"物质指的是含有"碳"的化学物
质的总称。

　　有了这个概念之后，人们开始分离香料中的小分子。虽然每种香料都是由许多不
同的小分子组成，但真正构成香料"特殊香味"的，可能只是这种香料中的某些成分，
例如：胡椒中的胡椒碱、姜黄里的姜黄素、肉桂里的肉桂醛，等等。更有甚者，在19
世纪初，有机化学因为有机化合物"合成技术"的突破而一飞冲天。

　　1828年，"有机化学之父"永斯·雅各布·贝采利乌斯的学生弗里德里希·维勒，
在一次意外中，将氰酸和氨水两种无机物（虽然氰酸含碳，但氰酸化合物都非来自有机，
所以也被归类为无机物）化合成"尿素"。尿素是一种在哺乳类动物的排泄物中常见
的成分，是不折不扣的"有机物"。

尿素是哺乳类动物排放的含氮代谢物，常常被用于制造各式肥料。

　　由于在当时，化学家
都认为有机物只能从有机
体（即生物体）身上或代
谢物得来。所以维勒合成
出尿素后就写信给他的老
师："老师，我可以不借
助动物的肾脏来制造尿素
了。我找到了合成有机物
的办法。"

　　虽然有机物的合成方
法还分成很多种，不过从
那之后，有机物和无机物
之间的界线就被打破了。

19世纪60年代，英国化学家威廉·帕金利用人工的方式合成出了"香豆素"，这是肉桂中的一种成分，也是第一种人工合成出来的香料。年轻的帕金因为这一发明而赚进大把钞票，他在不到40岁时就已家财万贯，最后卖掉工厂，开始享受他的退休生活。

威廉·帕金

帕金（1838～1907）是英国化学家，他在18岁时就发现有机染料——苯胺紫的合成方法，因而致富。后来，又研发出香豆素等其他有机物的合成方式。

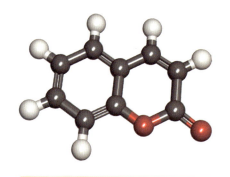

香豆素是存在于许多植物中，特别是存在于肉桂里。它是一种有机物，由9个碳原子、2个氧原子、6个氢原子组成。

自此之后，"香料战争"退出历史舞台，因为紧接着是如火如荼的"香料合成竞赛"。短短几十年，各种化学合成的香料纷纷出现，完全改变了人类的饮食产业链。

吃不到香草的香草蛋糕

化学合成香料，又称人工香料，也有人称为"香精"，不过最后一种称呼是一种比较模糊的通俗用法，正确来说还是应该叫它"人工香料"。

人工香料发展到最后，已经不只是单单制造出天然香料中含有的成分。化学家们还会合

各式水果糖中很多都是用人工香料调制而成。

成出大自然中前所未见的化合物，而这些化合物可以散发出类似天然香料的味道，骗过你的味觉和大脑。这些人工化合物是货真价实的"人造"香料（大自然界中完全没有）。

这些人工香料的种类多到难以估计，被应用在各式各样的饮食中，如乳类加工制品、肉类加工制品、各式饮料、酒、面包、蛋糕、糖果等。随便拿在市面上含有杏仁味的饮料来说吧！许多罐装的杏仁饮料（非人工酿造）中，根本没有一丁点的杏仁，甚至也没有杏仁味中最主要的"苦杏仁"的成分，有的只是一种能散发出类似杏仁味的人工化合物苯甲醛。此外，乙酸异戊酯具有水果梨的香味、丁酸戊酯有香蕉的味道……当我们吃水果糖时，吃进去的大概就是这一类东西。

先别惊讶这个世界怎么变这样了。这些化学合成香料的使用在现代世界中已经无法回头，也不可或缺，因为有些人工香料还兼具散发出香料清香和防腐或增色的功能。各国政府为了保护人民的食品安全，大多制定了食品添加剂使用标准，这些人工香料或芳香剂，只要不过量，理论上不会危害人体健康。

人工香料的饮食危机

不管你愿意或不愿意，各式人工香料已悄然大举侵入我们的生活。这些人工香料的使用范围从食物、化妆品到沐浴乳、厨厕芳香剂都有。虽然各国政府对不同人工香料的使用都有严格的标准，不过这些标准还是难以制止不良从业者违规添加人工香料。

超过9成的人工香料来自石油化学工业。

根据美国国家科学院的研究，市售95％的香精都是来自石油工业的衍生物，如苯、醛等。这些化学物质或多或少都会影响我们的内分泌系统。一旦内分泌系统被影响而紊乱，常常会引发癌症或不孕症。

生活在这么一个充满各式人工香料的时代，除了依靠政府的法规外，还有一个较简单的判断方法。因为人工化合的香味往往比一般天然香味更持久，所以你可以看看你使

柠檬皮含有香叶醇、柠檬烯、柠檬醛等成分，能去除异味，是天然的芳香剂。

用的沐浴乳、清洁剂或香水，如果它的香味持续了三分钟还久久不散，那么你就该考虑换另一个牌子了。不过，面对五花八门的人工香料，最好的应对办法还是能少吃就少吃，能少用就少用。食物尽量以天然食材和天然香料为主，芳香剂可以用橘子皮、柠檬皮、柚子皮、迷迭香、薰衣草等天然植物替代。

人工香料不同分类法

分类法	人工香料
按香型分类	肉类香料、水果类香料、海鲜类香料、蔬菜类香料、坚果类香料、香料类香料、花草类香料、草药类香料、酒精类香料
按剂型分类	液体型香料、粉末型香料、膏（浆）状型香料
按用途分类（食用人工香料）	肉制品香料、乳制品香料、调味料香料、烘焙食品香料、饮料香料、糖果香料

香料档案

香荚兰 Vanilla

◎学名：*Vanilla planifolia*

◎科：兰科

◎属：香荚兰属

　　香荚兰就是我们平常称呼的香草，也称香子兰、香草兰，常添加于冰激凌甜品中。香荚兰是多年生草本植物，性喜温暖，喜欢在半遮蔽的环境中成长。香味源自其豆荚中名为香草精的化合物。鲜豆荚没什么香味，需要杀青、发酵、烘干等加工过程才会发出浓郁香气。

　　香荚兰原产于墨西哥地区，当地原住民使用它作为食材与香料。直到 1521 年西班牙探险家埃尔南·科尔特斯攻灭阿兹特克帝国，将香荚兰带回欧洲。引进欧洲的几十年间，香荚兰相当流行，但是只有皇室和贵族才买得起这种珍品，因为除了墨西哥以外难以生产。虽然引进至马达加斯加

等地进行种植，植株生长与开花状况良好，但就是无法结果，原因是香荚兰依赖墨西哥当地的蜂鸟与蜜蜂才能完成授粉。直到 1841 年，马达加斯加一位 12 岁的奴工埃德蒙发明了以削尖的竹片代替蜂鸟为香荚兰花进行人工授粉的方法，香荚兰产量才得以控制，不再只是上流社会的奢侈品，也能广泛提供给一般人享用，并造成之后几百年大家对香荚兰的热爱。目前马达加斯加是最大的香荚兰出产国，其他地区如印度尼西亚、乌干达、塔希提、印度等地也有种植。

香荚兰经常在西式甜点中作为调味料，也能用于制作香水、精油，或是作为面包等食物的香料来源。提取香荚兰本身的香草精，可以拿来当作沐浴身体的芳香剂，或是加入到洗面奶、洗发精等保养护肤产品中。

升华锅

阿拉伯炼金术士贾比尔·伊本·哈扬发明出类似现代的蒸馏器具—升华锅，可用来提炼香料或花草植物里的香精。

元载入狱

元载是唐朝有名的巨贪宰相，在他被抄家之后，朝廷在元载家中搜出了胡椒 800 石，轰动一时。可见当时胡椒已经是很有价值，是可以像黄金、白银一样被储存的商品。

十字军东征

一连串由基督教世界发起的向东方的掠夺和屠杀行动。这系列战争波及无辜的东罗马帝国，也加强了威尼斯共和国在西亚和欧洲的香料贸易地位。

泉州市舶司

唐朝时设置的航运海关。靠着大量的香料国际贸易，泉州港在宋末元初超越埃及的亚历山大港，成为世界上最大的贸易港。

| 760 年 | 777 年 | 814 年 | | 10 世纪末 | 1096 年 | | 1275 年 | 1370 年 |

逝世与香料

法兰克国王查理曼去世时在遗嘱写到，希望在他死后能在全身涂抹各式香料。因为根据当时基督教的观念，圣洁的人死后会散发出香味。这个习俗助长了香料的价格飙高。

海上共和国

威尼斯共和国因为香料贸易而致富，取代了西亚的君士坦丁堡成为东西双边贸易的枢纽。威尼斯共和国越来越繁华，并与周围商业海港国家：热那亚共和国、比萨共和国、阿马尔菲共和国等共组"海上共和国"，并拥有自己的军队。

海禁

从我国明朝初年开始到清朝，为了防堵倭寇和其他政治因素，关闭一切海上贸易活动，就这样让中国错失了赚取大量国际外汇以及拓展海上势力的机会。

香料使用的图解大事年表

古希腊人的香料使用记录

古希腊生理学家希波克拉底和哲学家亚里士多德留下来的文献都有记载，当时雅典人开始将胡椒当作食物、药品使用。

《齐民要术》中的香料

中国古代综合性农学著作《齐民要术》提到，当时已经有许多外国香料进入我国，并且能用本土香料搭配外国香料烹调出"五味脯""胡炮肉""鳢鱼汤"等菜肴。

最早的丁子香使用记录

发源于中亚的苏美尔文明中已有陶板记载当时苏美尔人使用丁子香的记录。

中国花椒使用纪录

战国时代诗人屈原的《九歌》中提到"播芳椒兮成堂"，说明当时的人除了食用花椒，还会把花椒当作芳香剂。

阿拉伯帝国建立

阿拉伯人靠香料贸易越来越强大，最终于632年建立了阿拉伯帝国。

| 500年 | 400年 | 300年 | 公元前 | 公元后 | 109年 | 544年 | 632年 |

《论语》中的香料

早在春秋时期，孔子就提出"十三不食"的观念，其中有一个是"不撤姜食，不多食"，意思就是说，如果食物中没有撒入一些姜就不吃，但也不能多吃。

茶马古道

汉武帝派郭昌率军打败滇国，开通了连接四川、西藏、云南三省的"茶马古道"。这条古道将许多产于偏远地方甚至南方的印度的香料传到中国本土。

香料餐桌

泰国菜	酸辣汤	
香料	南姜	香茅

日本料理	猪肉丼	
香料：七味唐辛子	紫苏	辣椒

希腊菜	葡萄叶包饭	
香料	百里香	莳萝

中式餐	卤豆干	
香料	八角	辣椒

印度菜	扁豆豆泥	
	黄姜	小茴香籽
香料		

意大利菜	烤蔬菜	
	百里香	迷迭香
香料		

美国菜	牛排
	黑胡椒
香料	

徐光启

明朝内阁大臣兼科学家徐光启所著《农政全书》中提到，大约在明朝中期，在我国的海南岛就能栽种胡椒、豆蔻等香料植物。

荷兰东印度公司解散

由于一连串政治和财政因素，再加上香料栽种成功，荷兰东印度公司无法化解营运危机，宣布解散，终止了荷兰长期以来对亚洲香料贸易的控制。

《芳香疗法》

1928 年法国化学家罗内·莫里斯·盖特佛塞做实验时不小心炸伤手，他反射性地将手插入薰衣草水溶液，结果伤口复原得特别好。于是他进一步研究香草植物的治疗效果，并于 1937 年出版了《芳香疗法》一书，开启了芳香疗法医用化的大门。

| 1602 年 | 1639 年 | 1770 年 | 1799 年 | 1860 年 | 1937 年 | 1950 年 |

荷兰东印度公司成立

荷兰的 14 家公司在荷兰政府的支持下合并成一家大型公司。

香料植物栽种成功

法国一位绰号"胡椒皮耶"的探险家兼植物学家，在荷兰管辖下的印尼的马鲁古群岛中偷出丁子香和豆蔻的树苗，并在非洲大陆东边的毛里求斯岛栽种成功。后来法国人还将这两种香料树苗带到中美洲的加勒比海地区栽种，也都取得不错的成绩。

人工香豆素合成

英国化学家威廉·帕金用人工的方式合成出肉桂中的一种名叫"香豆素"的成分。

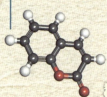

《莫利夫人的芳香疗法》

出身于奥地利的保养专家玛格利特·莫利将芳香疗法与她熟悉的脸部、身体按摩结合，另外还加上独创的脊椎按摩，首次将芳香疗法带到化妆美容领域。

扩张的奥斯曼土耳其帝国

1453 年奥斯曼土耳其帝国军队攻破君士坦丁堡，灭了东罗马帝国，让原本东西方的香料贸易之路完全中止。

发现好望角

葡萄牙的航海家巴托洛梅乌·迪亚士首先率领船队发现非洲大陆最南端好望角，替后来航海家航向印度洋奠定了基础。

费尔南多·德·麦哲伦

葡萄牙航海家麦哲伦在西班牙政府的赞助下，于 1519 年~1521 年率领船队首次环航地球。虽然麦哲伦在航行过程中身亡，但他船上余下的水手在他死后继续向西航行，回到欧洲。

无敌舰队之役

这年西班牙派出了所向披靡的"无敌舰队"前去征讨英国，但在战略频频发生错误的情况下，被英国的战船完全击败。自此之后，西班牙国力一蹶不振，英国也成为新一代的海上强权，开启辉煌的维多利亚女王时代。

| 1430 年 | 1453 年 | 1487 年 | 1498 年 | 1519 年 | 1529 年 | 1580 年 | 1588 年 |

唐·阿方索·恩里克

恩里克是葡萄牙王子，他为葡萄牙创立了全欧洲最早的航海学校，奠定了葡萄牙在海上争霸的实力基础。由于在航海事业上的贡献，恩里克也被称为"海王子"。

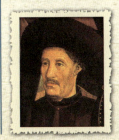

瓦斯科·达·伽马

达·伽马是葡萄牙航海家。经过 5 个月的漫长航行，经过非洲南端的好望角，来到印度西南部的卡利卡特港，开辟了不用经过地中海和阿拉伯半岛就能到达印度的新航线。

教皇子午线

1494 年和 1529 年，西班牙和葡萄牙在教皇的仲裁下，瓜分了世界，这两条经线后来就被称为"教皇子午线"，两条经线横过印度洋和大西洋的区域属于葡萄牙，另外一半属于西班牙。这两次的仲裁，开启了后来欧洲列强瓜分世界的行动。

英国掠夺香料

早期英国人不熟悉远东航线，靠着掠夺其他国家商船以获取香料。在这些海盗当中，最有名的是后来被英国女王封为爵士的弗朗西斯·德雷克。

写给孩子的植物发现之旅——香料

图片来源：

插画来源：